KB266376

과학은
암기가
아닙니다

과학은 암기가 아닙니다

대치동 28년, 1만 명이 검증한 사고력 공부법

주광호 지음

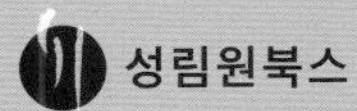

"원장님, 우리 애가 과학을 너무 싫어해요. 어떻게 해야 할까요?"

28년간 대치동에서 과학을 가르치며 가장 많이 들은 질문입니다. 상담실에 앉은 어머니의 표정에는 걱정이 가득합니다. 옆에 앉은 아이는 고개를 푹 숙이고 있구요. 저는 이런 장면을 수천 번 봐왔습니다.

그런데 신기한 건 그 아이들 대부분이 처음부터 과학을 싫어한 게 아니라는 겁니다. 초등학교 때 개미를 관찰하고, 또 달의 모양이 왜 바뀌는지 궁금해하던 아이들이었습니다. 그러다 어느 순간 과학이 '외워야 할 것들의 목록'이 되어버린 겁니다. 공식, 용어, 단원별 개념들…. 시험 범위에 맞춰 달달 외우고 시험이 끝나면 잊어버리는 과목. 그것이 많은 아이들이 경험하는 과학입니다.

저는 이 책에서 그 방식이 왜 문제인지 그리고 어떻게 바꿀 수 있는지를 이야기하려 합니다.

1만 명이 넘는 학생을 만나면서 확실히 깨달은 게 있습니다. 과학을 잘하는 아이들의 공통점은 암기력이 아닙니다. "왜?"라는 질문을 던지는 습관입니다. "왜 바닷물은 짠 거예요?", "왜 하늘은 파란 거예요?" 이런 질문을 멈추지 않는 아이들이 결국 과학을 즐기게 됩니다. 공식을 외우는 대신 공식이 왜 그렇게 생겼는지를 이해하려는 아이들이 어려운 문제 앞에서도 당황하지 않습니다.

문제는 학교와 학원에서 그런 시간을 주지 않는다는 겁니다. 진도를 나가야 하고 시험 범위에 맞춰야 하니까요. 부모님도 당장 다음 시험 성적이 걱정되니 "일단 외워"라고 말하게 됩니다. 저 역시 오랜 시간 그 시스템 안에서 가르쳤습니다. 하지만 그렇게 공부한 아이들이 정작 고등학교, 대학교에 가서 어떻게 되는지를 지켜보면서 생각이 바뀌었습니다.

중학교 때 물리 공식을 달달 외워서 100점 맞던 아이가 고등학교에서 무너지는 경우를 많이 봤습니다. 반면 중학교 때 점수는 조금 낮았지만 "이건 왜 이렇게 되는 거예요?"라고 끈질기게 물었던 아이가 고등학교에서 크게 성장하는 경우도 봤습니다. 그 차이가 뭘까요? 결국 '이해'입니다. 개념들이 머릿속에서 연결되어 있느냐, 아니면 따로따로 흩어져 있느냐의 차이입니다.

이 책은 크게 세 가지를 다룹니다.

첫째, 지금 우리 아이들이 과학을 왜 어려워하는지 그 원인을 짚습니다. 학습 방식의 문제, 초등 과학과 중등 과학의 차이, 흔히 저지르는 실수들을 구체적으로 살펴봅니다.

둘째, 과학을 제대로 공부하는 방법을 알려드립니다. 교과서 활용법, 개념 정리법, 문제 풀이 전략까지. 현장에서 효과를 본 방법들만 담았습니다. 이론이 아니라 실제로 아이들 성적을 올린 방법들입니다.

셋째, 부모님이 어떻게 도와줄 수 있는지를 이야기합니다. 많은 부모님이 "나는 과학을 몰라서 도와줄 수가 없다"고 하시는데, 사실 부모님이 해야 할 일은 과학을 가르치는 게 아닙니다. 아이가 과학을 포기하지 않도록 스스로 질문하고 탐구하는 환경을 만들어 주는 겁니다. 그건 과학 지식이 없어도 할 수 있습니다.

요즘 AI가 모든 걸 대신해 준다고들 합니다. 챗GPT에 물어보면 뭐든 답이 나오니까요. 그래서 공부가 필요 없다고 말하는 사람도 있습니다. 저는 정반대로 생각합니다. AI가 답을 주는 시대일수록 질문을 던지는 능력이 더 중요해집니다. 어떤 질문을 하느냐에 따라 결과가 완전히 달라지니까요. 과학 공부는 바로 그 훈련입니다. "이게 왜 이렇지?", "정말 그런가?", "다르게 하면 어떻게 될까?" 이런 질문을 던지는 습관, 그것이 과학이 아이에게 남기는 진짜 유산입니다.

점수는 잊혀집니다. 중학교 때 과학 몇 점 받았는지 기억하는 어른이 얼마나 될까요? 하지만 생각하는 방식은 남습니다. 세상을 보는 눈, 문제를 해결하는 힘, 판단을 내리는 능력. 그건 평생 갑니다.

이 책이 과학 때문에 고민하는 부모님과 아이들에게 작은 도움이 되길 바랍니다. 과학은 어렵고 재미없는 과목이 아닙니다. 제대로 배우면 세상이 다르게 보이기 시작합니다. 그 경험을 우리 아이들도 할 수 있습니다.

2026년 봄

대치동 네모과학에서

주광호

차례

1장
과학이 어렵게 느껴지는 이유

: 왜 지금의 공부 방식으로는
성적이 오르지 않는가?

접근법을 바꾸면
과학이 쉬워진다

: 과학을 '따로 배우는 암기 과목'으로 공부할 때 생기는 한계

하늘을 보며 "왜 구름이 떠 있는 걸까?", "비는 어떻게 만들어지는 걸까?"라는 질문을 던졌던 적이 있나요? 어릴 적 우리는 세상을 탐구하고 이해하려는 호기심으로 가득 차 있었습니다. 그러나 어느 순간부터 과학은 복잡한 문제 풀이와 끝없는 암기의 과목으로 변해 흥미보다는 부담으로 느껴지기 시작했습니다. 학생들은 "과학은 너무 어려워요"라고 말하고, 부모님은 "어떻게 도와줘야 할지 모르겠어요"라며 고민을 털어놓습니다. 하지만 과학이 정말로 어려운 과목일까요? 아니면 우리가 과학을 대하는 방식에 문제가 있는 걸까요?

대부분의 경우 과학이 어렵게 느껴지는 이유는 후자에 해당합니다. 잘못된 접근법으로 학습을 시작하면 과학은 끝없는 미로처럼 느껴질 수밖에 없습니다. 반면 올바른 방향으로 접근하면 과학은 우리 삶을 설명하고 새로운 시각을 열어주는 흥미로운 학문이 될 수 있습니다.

그렇다면 과학이 어렵게 느껴지는 이유는 무엇일까요? 이를 세 가지로 나누어 살펴보겠습니다.

첫 번째 이유는 과학을 단순히 암기 과목으로 여기는 오해에서 비롯됩니다. 많은 학생들이 과학을 '외워야 하는 과목'으로만 생각합니다. 이는 학교에서 과학을 가르치는 방식이 용어나 공식을 암기하는 데 초점이 맞춰져 있기 때문입니다. 그러나 과학은 단순히 외우는 것이 아니라 이해와 암기의 균형이 필요한 학문입니다. 예를 들어, 중학교 물리 시간에 배우는 공식인 '속력=거리/시간'을 떠올려 봅시다. 많은 학생들이 '속력은 거리 ÷ 시간'이라고 암기하지만, 이 공식이 왜 필요한지 또는 어떤 상황에서 유용한지 이해하지 못합니다. 그 결과 숫자가 조금

$$\text{속력} = \frac{\text{거리}}{\text{시간}} \left(\frac{m}{s} , \frac{km}{h} \right)$$

만 달라져도 문제 해결에 어려움을 겪습니다. 이 공식을 자동차의 속도계와 연결지어 생각해 본다면 이해가 한결 쉬워질 수 있습니다. "자동차가 시속 60km로 달린다는 것은 무엇을 의미할까?", "왜 속도계는 시속 단위로 표시될까?" 같은 질문을 던지는 과정에서 학생들은 단순 암기를 넘어 개념을 실생활과 연결하며 학습하게 됩니다. 이러한 접근은 단순한 문제 풀이를 넘어 과학의 본질을 이해하는 데 중요한 첫걸음이 됩니다.

두 번째 이유는 실생활과의 연결 부족입니다. 과학은 우리 삶과 밀접하게 연결된 학문임에도 많은 학생들이 이를 깨닫지 못합니다. 교과서 중심의 학습은 과학을 시험 대비용 지식으로 제한하며, 이는 학습 동기를 약화시킵니다. 예를 들어, 화학 시간에 배우는 '이온 결합'을 생각해 봅시다. 나트륨(Na)과 염소(Cl)가 결합해 소금(NaCl)이 된다는 사실을 배우지만, 많은 학생들은 "왜 이걸 알아야 할까?"라는 질문에 답하지 못합니다. 그러나 바닷물이 짠맛을 내는 이유와 이온 결합이 어떤 과정을 거쳐 형성되는지를 배우게 되면, 학생들은 과학이 단순한 이론이 아니라 우리 삶을 설명하는 도구임을 깨닫게 됩니다. "왜 바닷물은 짠맛이 날까?" 같은 질문은 과학 학습을 더 흥미롭고 의미 있게 만듭니다. 실생활과의 연결은 학습 내용을 오래 기억하도록 돕고, 학생들이 과학을 더 친근하게 느낄 수 있게 만듭니다.

마지막으로, 이해와 암기의 균형이 부족한 학습 방식은 과학이 어렵게 느껴지는 또 다른 이유입니다. 많은 학생들이 공식을 외우는 데에는 익숙해져 있지만, 이를 실제 문제에 응용하거나 새로운 상황에 적용하는 데 어려움을 겪습니다. 이러한 문제는 특히 시험에서 두드러지며, 이는 학생들이 자신감을 잃게 만드는 원인이 됩니다.

학부모와 학생 모두 과학 공부에서 방향을 잃을 때가 많습니다. 그러나 이 문제를 해결하기 위해 필요한 것은 단지 공부 시간을 늘리는 것이 아닙니다. 핵심은 과학의 개념을 깊이 이해하고 실생활과 연결하며 암기와 응용의 균형을 맞추는 데 있습니다. 단순히 교과서를 반복해서 읽는 대신, 배운 개념을 다른 상황에 적용해 보거나 스스로 질문을 만들어 해결하는 과정을 통해 과학은 더 이상 어려운 과목이 아니라 흥미로운 탐구의 영역으로 다가올 것입니다.

결론적으로, 과학이 어렵게 느껴지는 이유는 우리가 과학을 대하는 방식에 달려 있습니다. 단순 암기를 넘어 이해 중심의 학습으로 접근하고 실생활과 연결해 학습의 흥미를 높이는 방향으로 나아가길 바랍니다. 과학은 학생들에게 새로운 세상을 열어주는 열쇠가 될 수 있습니다. 올바른 학습 방법을 통해 과학 공부가 더 이상 부담이 아니라 즐거움과 성취감을 주는 과정이 될 것입니다.

초등 과학과 중학 과학, 무엇이 달라지나?

: 탐구에서 개념·연결 중심 학습으로의 전환

"초등학교 때는 과학이 정말 재미있었는데, 중학교에 들어오니 너무 어려워졌어요." 많은 학부모들이 자녀의 과학 공부를 보며 공감하는 말입니다. 초등학교에서 과학은 실험과 관찰 중심으로 진행되며 아이들의 호기심을 자극합니다. 그러나 중학교에 올라가면 과학은 공식과 계산, 추상적인 개념으로 가득 찬 학문으로 변하며 시험 중심의 과목으로 인식됩니다. 이 과정에서 과학에 대한 흥미를 잃고 학습의 어려움을 느끼는 학생들이 많아집니다.

한국교육개발원(KEDI)의 연구에 따르면, 초등학생 중 약 83%가 과학을 "재미있다"고 답했지만, 중학생의 경우 이 비율이 42%로 크게 감소합니다. 이는 초등학교 과학과 중학교 과학의 차이가 학생들의 과학 학습 경험에 얼마나 큰 영향을 미치는지를 잘 보여줍니다. 초등학교 과학이 탐구와 실험을 중심으로 진행된다면, 중학교 과학은 논리적 사고와 체계적인 학문으로 나아가는 과정을 요구합니다. 이러한 변화는 학문적 발전 과정에서 자연스러운 것이지만, 많은 학생들이 이 전환 과정에서 혼란과 부담을 느낍니다.

초등학교 과학은 자연 현상에 대한 호기심을 자극하고 이를 탐구 활동으로 연결하며 학습이 이루어지도록 설계되어 있습니다. 교과 내용은 간단하고 실생활과 밀접하게 연관되어 있어, 학생들은 실험과 관찰을 통해 과학을 직접 경험할 수 있습니다. 예를 들어, 물질의 상태 변화를 다룰 때 학생들은 물이 끓고 얼어가는 과정을 관찰하며 "왜?"라는 질문을 자연스럽게 던지고, 이를 통해 과학적 개념을 어렵게 느끼지 않고 놀이처럼 받아들입니다. 씨앗을 심고 매일 성장 과정을 관찰하며 기록하는 활동은 초등학교 과학의 대표적인 사례입니다. 학생들은 식물이 자라는 과정에서 햇빛과 물의 역할을 배우며 과학적 사고를 키우고, 과학을 친근하고 재미있는 학문으로 받아들이게 됩니다.

중학교에 들어가면 과학은 초등학교와는 완전히 다른 모습을 보입니다. 초등학교에서 직관적으로 이해했던 내용들은 중학교에서 복잡한 논리와 계산 문제로 이어지며 학문적 체계를 잡아가는 과정으로 변합니다. 예를 들어, 초등학교에서는 물이 끓는 과정을 관찰하는 데 그쳤다면, 중학교에서는 이 과정을 설명하기 위해 열에너지, 분자 운동, 기체의 성질과 같은 추상적인 개념을 학습해야 합니다. 이러한 변화는 많은 학생들에게 과학을 더 어렵게 느끼는 요인으로 작용합니다. 또한 중학교 과학부터 물리, 화학, 생명과학, 지구과학 등 세부 과목으로 나누어지며 각 분야에서 새로운 전문성을 요구합니다. 초등학교 과학이 통합적이고 체험 중심의 접근 방식을 취했다면, 중학교 과학은 각 분야

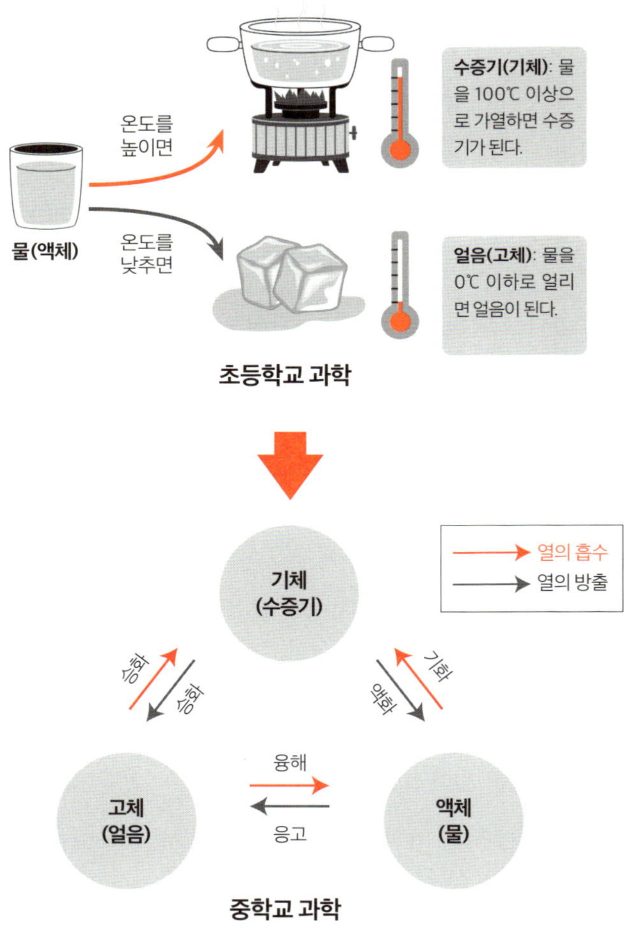

를 독립적으로 다루며 심화 학습을 진행합니다. 이 과정에서 학생들은 과제를 해결해야 하는 부담감을 더 크게 느끼게 됩니다.

중학교에서 평가 방식의 변화 역시 학생들에게 큰 부담으로 다가옵니다. 초등학교에서는 실험과 관찰, 학습 과정을 중요하게 평가하지만, 중학교에서는 결과 중심의 평가가 주를 이룹니다. 서술형 문제와 계산 문제의 비중이 높아지면서 학생들은 시험 준비에 대한 스트레스가 증가합니다. 초등학교에서 관찰하고 탐구하며 자연스럽게 배우던 내용이 중학교에서는 공식과 개념으로 구조화되어 더 깊은 논리적 사고를 요구하는 과제로 전환됩니다. 이는 학생들이 과학을 멀게 느끼고 흥미를 잃게 만드는 원인 중 하나입니다.

초등학교 과학과 중학교 과학의 차이

구분	초등학교 과학	중학교 과학
학습 방식	관찰, 실험, 체험 중심	개념, 논리, 계산 중심
내용 특성	눈에 보이는 현상 (예: 물의 변화, 식물 성장)	추상적 개념 (예: 원자, 분자, 전자)
평가 방식	과정 평가, 관찰 보고서	결과 평가 (서술형, 계산형 문제)
실생활 연결	밀접함(일상 현상 관찰)	학문적 깊이 강조
흥미도	83%(KEDI 연구)	42%(KEDI 연구)

초등학교 과학과 중학교 과학의 차이는 크게 세 가지로 요약할 수 있습니다.

첫째, 초등학교 과학은 관찰 가능한 현상을 중심으로 하지만, 중학교 과학은 원자, 분자, 전자와 같은 보이지 않는 개념을 다룹니다. 이러한 추상적인 내용은 학생들에게 과학을 어렵게 느끼게 하는 주요 요인 중 하나입니다.

둘째, 초등학교 과학은 실험과 학습 과정을 평가하지만, 중학교 과학에서는 서술형 문제와 계산형 문제를 중심으로 한 결과 평가가 이루어집니다.

셋째, 초등학교 과학은 실생활과 밀접하게 연결되어 있지만, 중학교 과학은 학문적 깊이에 초점을 맞추며 실생활과의 연결이 약해집니다. 이는 학생들이 과학을 더 멀게 느끼게 만듭니다.

이러한 차이에 적응하도록 돕기 위해서는 초등학교에서 키운 호기심과 탐구심을 중학교 과학의 체계적 학습으로 연결시키는 노력이 필요합니다. 학부모는 학생들이 초등학교의 탐구형 학습에서 중학교의 논리적 학습으로 전환하는 과정에서 겪는 혼란을 이해하고 이를 완화할 수 있는 환경을 제공해야 합니다. 예를 들어, 중학교에서 배우는 추상적 개념이 실생활과 어떻게 연결되는지 대화를 통해 설명하거나, 학생이 흥미를 느낄 수 있는 작은 목표를 설정해 주는 것도 좋은 방법입니다.

초등학교 과학과 중학교 과학의 차이는 새로운 도전과 기회의 시작점입니다. 초등학교 과학에서 길렀던 탐구심을 중학교에서도 유지하며 발전시킬 수 있도록 돕는 것이 학부모와 교육 환경 모두의 역할입니다. 과학은 단순히 시험 준비를 위한 과목이 아니라 세상을 이해하고 사고력을 기르는 중요한 학문이라는 점을 잊지 않아야 합니다.

암기 vs. 이해

: 융합적 사고를 위해 필요한 균형

　"암기만 잘하면 과학 시험에서 좋은 점수를 받을 수 있을까요?" 이는 학생과 학부모들이 자주 묻는 질문입니다. 과학 공부에서 암기와 이해는 모두 중요한 역할을 하지만, 어느 한쪽에 치우치면 과학이 어려운 과목으로 느껴질 수 있습니다. 많은 학생들이 과학을 어려워하는 이유는 단순히 정보의 양 때문이 아니라, 암기와 이해의 균형을 잡는 과정에서 겪는 혼란에서 비롯됩니다. 그렇다면 암기와 이해가 각각 왜 중요한지, 그리고 두 요소의 균형이 왜 필요한지 살펴보겠습니다.

　암기는 과학 공부의 첫걸음입니다. 과학 용어, 공식, 그리고 주요 개념은 암기를 통해 습득해야 하며, 이는 복잡한 문제를 해결하는 기본 도구가 됩니다. 예를 들어, 물리학에서 '속력 = 거리 ÷ 시간'이라는 공식을 암기하지 않고는 문제를 풀 수 없습니다. 화학에서는 원소의 주기율표나 화학식을 외우지 않으면 화학 반응을 이해하는 것이 불가능합니다. 암기는 과학적 사고를 시작하기 위해 필수적인 언어와 도구를 제공합니다. 이를 통해 학생들은 문제를 해결하는 데 필요한 기초를 다질 수 있습니다. 특히 중학교 이후의 과학 공부는 더 많은 정보를 빠르게 암기해야 하는 과정을 포함합니다. 과학 시험에서 정의, 공식, 원리 등을 정확히 암기하고 있어야 문제를 효율적으로 해결할 수 있습니다.

하지만 암기만으로는 과학의 본질을 제대로 이해하거나 새로운 상황에 적용할 수 없습니다. 많은 학생들이 공식을 암기했음에도 불구하고 이를 문제에 적용하지 못하거나 문제의 맥락을 파악하지 못해 시험에서 어려움을 겪습니다. 예를 들어, 물질의 상태 변화를 배우는 학생이 "왜 얼음이 녹으면 물이 되는가?"를 단순히 외운다면, 이 과정을 열에너지와 분자 운동으로 설명하는 데 한계를 느낄 수 있습니다. 바로 이 지점에서 이해의 중요성이 드러납니다.

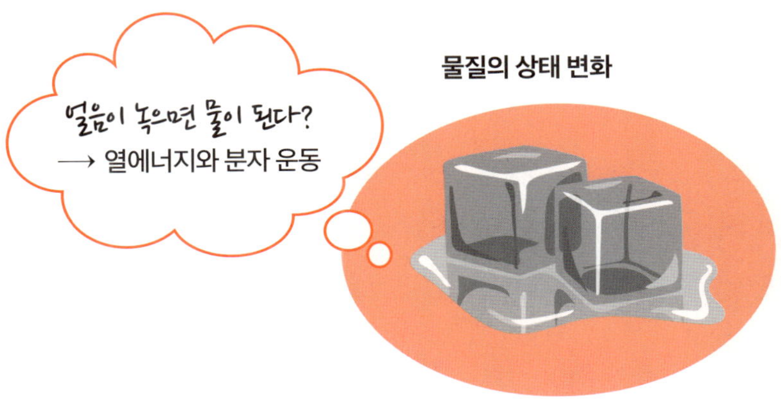

이해는 과학의 본질을 탐구하는 과정입니다. 과학은 단순한 지식의 나열이 아니라 자연 현상을 설명하고 예측하는 학문입니다. 이해는 암기한 지식을 실질적으로 활용할 수 있도록 돕습니다. 예를 들어, 화학에서 물이 산소(O)와 수소(H)로 이루어져 있다는 사실을 암기하는 것은 기본입니다. 그러나 물이 이렇게 결합하는 이유를 이해하지 못한다면 화학 반응의 원리를 설명하거나 분자 구조를 해석하는 데 어려움을 겪게 됩니다. 반면 이 원리를 이해한 학생은 새로운 문제 상황에서도 이를 유연하게 응용할 수 있습니다.

이해는 또한 학습 동기를 높이고 과학을 더 흥미로운 과목으로 느끼게 만듭니다. 암기가 반복 작업으로 인해 지루하게 느껴질 수 있는 반면, 이해는 "아, 이래서 그렇구나!"라는 깨달음을 제공합니다. 이러한 순간은 과학을 단순히 시험 과목이 아닌 세상을 탐구하는 창으로 변모시킵니다. 그러나 이해만으로는 과학 공부가 완성되지 않습니다. 기본적인 지식이 암기를 통해 축적되지 않으면 깊이 있는 이해를 위한 기반이 부족해질 수 있습니다. 이처럼 암기와 이해는 상호 의존적입니다.

암기와 이해는 과학 공부에서 대립하는 개념이 아니라 서로를 보완하는 관계에 있습니다. 암기 없이는 이해의 기반이 약해지고, 이해 없이는 암기한 지식이 단순한 정보에 머무릅니다. 이 균형이 무너질 때 학생들은 과학을 어렵고 부담스럽게 느끼게 됩니다. 암기와 이해가 균형을 이룰 때 비로소 과학 공부는 완성됩니다.

암기와 이해의 균형은 문제 풀이를 통해 강화될 수 있습니다. 예를 들어, 물리 문제에서 가속도를 계산하려면 공식을 암기해야 하지만, 이를 활용하려면 속도 변화와 시간 변화가 무엇을 의미하는지 이해해야 합니다. 또한 속력 공식을 단순히 외우는 대신, 자동차가 일정한 시간 동안 이동한 거리를 예로 들어 실생활과 연결한다면 공식이 훨씬 자연스럽게 기억됩니다. 문제 풀이 과정에서 암기와 이해는 순환적으로 작동하며, 학생들은 점차 이를 통해 자신감을 얻게 됩니다.

한편, 암기와 이해의 균형이 깨질 때 학생들은 과학을 더욱 부담스럽게 느낍니다. 암기에만 의존하는 학생은 문제를 응용하거나 깊이 있는 질문에 답하지 못하고, 이해에만 의존하는 학생은 기본적인 지식 부족으로 인해 학습 속도가 느려질 수 있습니다. 예를 들어, 주기율표를 단순히 암기한 학생은 "왜 주기율표가 이렇게 배열되었는가?"라는 질문에 답하지 못할 수 있으며, 반대로 원리를 이해했지만 원소의 특징을 암기하지 않은 학생은 화학 반응을 예측하는 문제에서 막힐 수 있습니다.

암기와 이해는 과학 공부에서 떼려야 뗄 수 없는 두 축입니다. 암기는 과학의 기본 토대를 제공하고, 이해는 그 위에 깊이 있는 사고와 응용 능력을 쌓게 합니다. 암기와 이해의 균형을 맞출 때 과학은 단순한 시험 준비를 넘어 세상을 탐구하고 이해하는 즐거운 여정으로 변할 것입니다. 이러한 균형은 학생들이 과학을 더욱 잘 배우고, 오랜 시간 동안 기억하며, 창의적으로 활용할 수 있도록 돕습니다.

과학 공부에서 흔히 하는 네 가지 실수

: 과학 공부를 어렵게 만드는 주요 원인

과학 공부는 학생들이 자연 현상을 이해하고 이를 바탕으로 새로운 문제를 해결하는 능력을 키우는 과정입니다. 그러나 많은 학생들이 과학을 어려운 과목으로 느끼며 학습에 부담을 느낍니다. 이런 어려움은 단순히 과학 내용의 복잡성 때문만이 아닙니다. 학생들이 과학을 공부하는 과정에서 흔히 저지르는 실수들이 반복되면서 과학은 점점 더 멀게 느껴지는 과목으로 변합니다. 이러한 실수들은 학습 과정에서 과학의 본질을 이해하지 못하게 만들고, 나아가 학습 동기와 자신감을 떨어뜨리는 주요 원인으로 작용합니다.

첫 번째로, 과학을 단순히 암기 과목으로 여기는 오해가 있습니다. 많은 학생들이 '공식만 외우면 시험에서 좋은 점수를 받을 수 있다'는 생각으로 과학을 접근합니다. 공식 자체를 암기하는 것은 과학 공부의 첫걸음으로 중요한 과정입니다. 그러나 공식이 어떤 상황에서 유도되었는지, 왜 필요한지를 이해하지 못한 채 외우기만 한다면 조금만 변형된 문제에도 쉽게 막히게 됩니다. 이는 과학 공부에서 가장 흔히 저지르는 실수 중 하나입니다. 공식을 외우는 것은 시작일 뿐, 그 배경 원리와 응용 방법을 이해해야만 과학을 제대로 공부했다고 할 수 있습니다. 실제 사례를 보면 학생들이 공식이나 정의를 암기했음에도 문제를 해결하지 못하는 경우가 많습니다. 물질의 상태 변화를 배우는 과정에서 "왜 얼음이 녹으면 물이 되는가?"라는 질문에 대해 단순히 "온도가 올라가니까"라고만 답하는 학생이 있습니다. 이 학생은 개념을 암기했을지라도 열에너지와 분자 운동의 원리를 이해하지 못한 것입니다. 과학은 단순히 결과를 외우는 데서 끝나지 않습니다. 그 과정과 이유를 탐구하고 이해하는 것이 학습의 핵심입니다.

두 번째로, 실험을 형식적으로 대하는 태도도 문제입니다. 과학은 실험과 관찰을 통해 자연 현상을 탐구하는 학문입니다. 하지만 많은 학생들이 실험을 단순히 결과를 확인하거나 정답을 맞추기 위한 과정으로만 여깁니다. 예를 들어, 물질의 상태 변화를 실험하며 "물이 끓는 동안 온도가 일정하게 유지되는 이유"를 묻는 질문에 대해 "교과서에 그렇게 써 있어서요"라고 답하는 경우가 종종 있습니다. 이는 실험을 단순히 과정을 재현하는 것으로만 보고, 결과를 분석하거나 원리를 이해하려는 시도를 하지 않는 태도에서 비롯됩니다. 실험은 결과를 외우기 위한 과정이 아니라, 그 결과를 통해 과학적 원리를 이해하고 논리적 사고를 기르는 도구로 활용되어야 합니다.

세 번째로, 복습의 중요성을 간과하는 실수를 들 수 있습니다. 과학은 개념의 연속성을 기반으로 하는 학문입니다. 이전에 배운 내용을 바탕으로 새로운 개념을 이해해야 하기에 복습은 필수적입니다. 하지만 많은 학생들이 복습을 소홀히 하고 새로운 내용을 배우는 데만 집중합니다. 일주일 전에 배운 화학 반응식을 복습하지 않은 채 시험 전날 급하게 다시 보려고 하면 이미 잊어버린 개념 때문에 큰 스트레스를 받을 수 있습니다. 복습 부족은 학습 내용을 연결하지 못하게 만들며, 이는 과학을 점점 더 복잡하고 부담스럽게 느끼게 만드는 원인 중 하나입니다. 학습한 내용을 주기적으로 복습하며 개념을 정리하는 습관을 들이는 것이 중요합니다.

마지막으로, 실생활과의 연결 부족도 과학이 어렵게 느껴지는 이유 중 하나입니다. 과학은 우리의 일상과 밀접하게 연결되어 있지만, 많은 학생들이 이를 단순히 시험 과목으로만 여깁니다. 예를 들어, 밀도와 부력에 대해 배우면서도 물에 떠 있는 배를 보며 "왜 배는 물에 뜰까?"라는 질문을 떠올리지 않는 경우가 많습니다. 실생활과의 연결이 부족하면 과학은 추상적이고 딱딱한 학문으로 느껴지며, 이는 학습 동기를 약화시키는 결과를 초래합니다. 반대로 배운 내용을 실생활에 적용해 관찰하고 탐구하려는 노력을 한다면 과학은 훨씬 흥미롭고 오래 기억에 남는 과목으로 변할 수 있습니다.

이러한 실수들을 극복하기 위해 다음과 같이 학생과 학부모가 함께 노력해야 합니다.

첫째, 공식을 단순히 외우는 것을 넘어 그 배경 원리를 이해하도록 돕는 학습 방식을 도입해야 합니다. 예를 들어, 속력 공식을 암기할 때 자동차가 일정한 시간 동안 이동한 거리를 예로 들어 속력의 개념을 실제로 적용해 보면 공식이 훨씬 자연스럽게 기억됩니다.

둘째, 실험을 결과 확인에서 끝내지 말고 그 과정과 이유를 분석하고 설명하는 습관을 기르도록 해야 합니다. 실험 기록을 남기고 이를 바탕으로 질문을 던지는 활동은 과학적 사고력을 키우는 데 매우 효과적입니다.

셋째, 복습을 주기적으로 실천하는 학습 습관을 갖는 것이 중요합니다. 하루 10분이라도 배운 내용을 다시 정리하며 개념을 반복하면 학습의 연속성을 유지할 수 있습니다.

마지막으로, 배운 과학 개념을 실생활에 적용해 보는 경험을 늘려야 합니다. 예를 들어, 물의 끓는 점을 배우고 나서 실제로 물을 끓이며 기포가 생기는 이유를 탐구해 보는 식의 활동은 과학에 대한 흥미를 높이고 학습 내용을 오래 기억하게 만들어 줍니다.

과학 공부에서 흔히 하는 실수들은 학생들이 과학을 어렵게 느끼게 만드는 주요 원인입니다. 그러나 이러한 실수들을 인식하고 개선하려는 노력을 통해 과학은 더 이상 부담스러운 과목이 아니라 흥미로운 탐구의 대상으로 변할 수 있습니다. 작은 실수들을 극복하는 과정은 학생들에게 과학 공부의 새로운 가능성을 열어주며, 나아가 세상을 탐구하고 이해하는 즐거운 여정을 만들어 줄 것입니다.

부모와 아이가 함께 고민해야 할 학습 방향

: 성적 이전에 사고 구조를 만드는 선택

과학 공부는 단순히 공식을 외우고 문제를 푸는 과목이 아닙니다. 자연 현상을 이해하고 이를 바탕으로 문제를 해결하며 새로운 질문을 던지는 과정을 요구하는 학문입니다. 하지만 이러한 본질에 접근하기 위해서는 부모와 아이가 함께 학습 방향을 고민하는 과정이 반드시 필요합니다. 부모가 아이의 학습 스타일이나 현재 상태를 충분히 이해하지 못한 채 성적 향상만을 목표로 삼거나 지시적인 태도를 취하면 과학 공부는 아이에게 더 큰 부담으로 다가옵니다. 이런 상황은 결국 과학이 어렵고 멀게 느껴지는 원인이 되기도 합니다.

아이의 학습 스타일을 이해하지 못하면 발생하는 문제는 다양합니다. 어떤 아이는 암기에 강점을 가지고 있고, 또 어떤 아이는 탐구 활동을 더 선호합니다. 만약 암기를 잘하는 아이에게 실험 위주의 학습만을 강요하거나, 반대로 창의적인 실험을 좋아하는 아이에게 문제 풀이 중심으로 공부를 시킨다면 아이는 흥미를 잃고 자신감을 상실할 수 있습니다. 실제로 한 학부모가 아이가 과학 문제를 잘 풀지 못하자 문제 풀이를 위해서 추가 수강을 한 경우가 있었습니다. 그러나 아이는 점점 더 과학을 어려워하고 흥미를 잃게 되었습니다. 이후 부모는 아이가 실험 활동에서 흥미를 느낀다는 사실을 발견하고 아이와 함께 실험 위주의 학습 계획을 세웠습니다. 그 결과 아이는 점차 과학에 자신감을 가지게 되었고, 성적 또한 향상되었습니다.

부모와 아이가 함께 현실적인 학습 목표를 설정하는 것도 중요합니다. 과학 공부는 단기적인 성과를 기대하기보다는, 작은 목표를 지속적으로 달성하며 자신감을 쌓아가는 과정이 되어야 합니다. 예를 들어, "이번 주에는 밀도와 부력의 개념을 이해하고 간단한 실험을 통해 이를 적용해 보자"와 같은 구체적인 목표를 세우는 것이 효과적입니다. 이러한 목표는 아이가 학습 과정을 주도적으로 관리할 수 있도록 돕는 동시에 부모가 아이를 적절히 지원할 수 있는 기반이 됩니다. 특히 작은 목표를 통해 성취감을 느끼면 아이는 더 큰 학습 목표에 도전할 동기를 얻게 됩니다.

학습 방향을 함께 고민하는 과정에서 소통은 매우 중요한 요소입니다. 많은 부모가 "공부해라" 같은 지시적인 언어로 접근하지만, 이는 아이에게 압박감을 줄 수 있습니다. 대신, 부모는 질문을 통해 아이의 생각을 끌어내는 방식을 선택해야 합니다. "왜 이 개념이 중요하다고 배웠어?" 또는 "이 문제를 풀면서 어려웠던 점은 어떤 게 있었을까?"와 같은 질문은 아이가 스스로 학습의 의미를 고민하게 만들고, 부모와의 대화를 통해 문제해결 능력을 키우는 데 도움을 줍니다. 이 과정은 단순히 학습 효율성을 높이는 데 그치지 않고, 부모와 아이 간의 신뢰를 쌓는 기회가 되기도 합니다.

과학 공부의 본질은 실험과 이론의 조화를 통해 자연을 탐구하는 것입니다. 따라서 부모는 아이가 과학의 본질에 접근할 수 있도록 환경을 조성해야 합니다. 예를 들어, 초등학생의 경우 집에서 간단히 실험을 할 수 있도록 관련 도구 등 환경을 마련해 주는 것이 도움이 됩니다. 물리학 분야인 밀도와 부력의 개념을 활용해 물에 뜨는 물체와 가라앉는 물체를 비교하는 실험을 해본다면 아이는 학습한 개념이 실제로 어떻게 작동하는지 체감할 수 있습니다. 이러한 경험은 아이가 과학을 시험 과목이 아닌 세상을 이해하는 흥미로운 도구로 인식하도록 돕습니다.

장기적인 학습 목표를 설정하는 과정에서도 부모와 아이의 협력은 필수적입니다. 과학 공부는 단순히 시험 성적을 올리는 것을 목표로 삼아서는 안 됩니다. 대신, 과학을 통해 사고력을 키우고 세상을 이해하는 기회를 제공해야 합니다. 예를 들어, "이번 학기에는 물리와 화학의 기본 개념을 확실히 이해하자"라는 단기 목표와 함께, "1년 안에 실험 결과를 보고서 형태로 작성해 보는 연습을 하자"와 같은 장기 목표를 설정한다면 아이는 과학을 더 체계적으로 학습할 수 있을 것입니다.

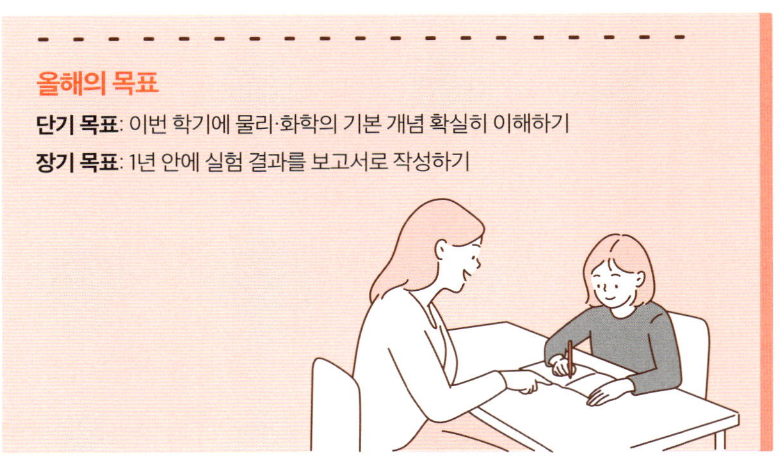

결국 부모와 아이가 함께 고민해야 할 학습 방향은 단순히 성적 향상이 아니라 과학을 즐기는 방법을 찾는 데 초점이 맞춰져야 합니다. 부모는 아이의 학습 스타일과 강점을 이해하고, 현실적이고 작은 목표를 함께 설정하며, 과정을 통해 아이가 스스로 배우고 성장할 수 있도록 도와야 합니다. 이러한 노력이 함께할 때, 과학 공부는 단순히 어려운 과제가 아니라 세상을 이해하고 탐구하는 흥미로운 과정으로 변할 것입니다.

2장
과학 공부의 첫걸음, 이렇게 시작하자

: 개념을 '연결'하며 배우는 기본 습관

교과서를 제대로 활용하는
다섯 가지 방법

: 교과서는 가장 완성도 높은 융합 학습 자료다

과학 공부를 시작할 때 가장 기본적이면서도 중요한 자료는 바로 교과서입니다. 하지만 많은 학생들이 교과서를 단순히 문제 풀이를 위한 참고서 정도로만 생각하고 제대로 활용하지 못하고 있습니다. 교과서는 단순한 읽기 자료가 아니라 과학 공부를 효과적으로 시작하고 깊이 있는 이해를 돕는 중요한 도구입니다. 여기에서는 교과서를 제대로 활용할 수 있는 다섯 가지 방법을 소개하겠습니다.

첫째, 목차(차례)를 활용해 전체 구조를 파악하라

과학 교과서는 주제별로 구성된 체계적인 구조를 가지고 있습니다. 교과서를 공부하기 전, 먼저 목차를 통해 전체 내용을 훑어보며 각 단원이 어떤 흐름으로 연결되는지 파악하는 것이 중요합니다. 과학 공부는 개별 개념이 아니라 서로 연관된 개념들의 연결고리를 이해하는 학문입니다. 예를 들어, 물리 단원에서 힘과 운동의 개념은 이후에 배우는 에너지 보존 법칙과 밀접하게 연결되어 있습니다. 목차를 활용해 이러한 개념 간의 흐름을 파악하면 개별 주제를 학습할 때 전체적인 맥락 속에서 이해할 수 있게 됩니다.

둘째, 중요 개념과 용어를 표시하라

교과서의 본문을 읽을 때 중요한 개념과 용어를 강조 표시하는 습관을 들여봅시다. 과학 공부에서 용어는 단순한 단어가 아니라 그 자체로 중요한 의미를 담고 있습니다. 강조 표시뿐만 아니라 용어의 정의를 간단히 노트에 정리하거나 자신만의 언어로 재해석해 적어보는 것도 효과적입니다. 이러한 과정은 개념을 더 깊이 이해하고 기억을 오래 유지하는 데 도움을 줍니다.

셋째, 본문 속 질문과 예제를 적극 활용하라

교과서에는 학습자의 사고를 유도하기 위한 질문과 예제가 포함되어 있습니다. 이 질문들은 단순히 답을 찾기 위한 문제가 아니라 과학적 사고를 키우기 위한 도구입니다. 학생들은 이 질문을 통해 '왜?'와 '어떻게?'라는 사고 과정을 자연스럽게 훈련할 수 있습니다. 예를 들어, 물리 교과서에서 "왜 물체는 일정한 속도로 떨어질까?"라는 질문이 있다면, 단순히 중력 때문이라는 답에서 끝나는 것이 아니라 중력 가속도와 공기 저항의 관계를 깊이 탐구해 보는 것이 중요합니다. 교과서 속 예제를 풀이하는 과정에서도 풀이 과정을 한 단계씩 따라가며 이해하려는 노력이 필요합니다.

넷째, 시각 자료를 활용해 개념을 이해하라

교과서에는 그래프, 그림, 다이어그램과 같은 시각 자료가 풍부하게 포함되어 있습니다. 이러한 자료는 복잡한 과학 개념을 직관적으로 이해하는 데 큰 도움을 줍니다. 예를 들어, 생물학에서 '광합성 과정'을 배울 때 단순히 글로만 읽으면 복잡하게 느껴질 수 있습니다. 하지만 광합성 과정을 나타낸 다이어그램을 보며 각 과정이 어떻게 연결되는지 시각적으로 이해하면 개념을 훨씬 더 쉽게 파악할 수 있습니다. 따라서 시각 자료를 단순히 보는 데 그치지 말고 이를 직접 그려보거나 설명하는 연습을 통해 적극적으로 활용하는 걸 적극 추천합니다.

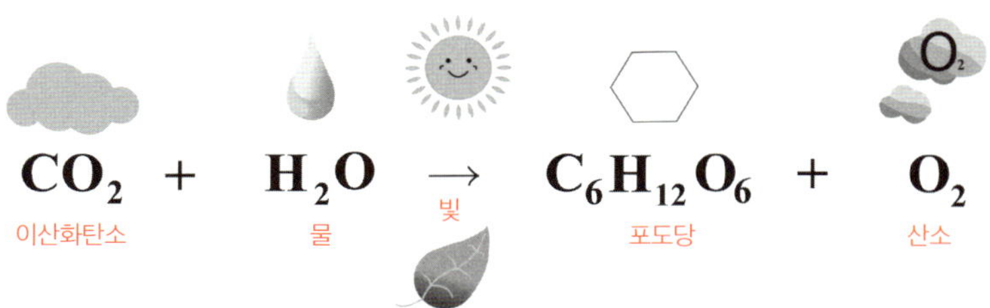

광합성 과정을 분자식으로 표현한 다이어그램

다섯째, 복습을 위한 요약 노트를 작성하라

교과서를 효과적으로 활용하기 위해서는 학습한 내용을 요약하는 과정이 필요합니다. 단원을 학습한 후 각 단원의 핵심 개념과 예제를 간단히 정리하는 요약 노트를 작성해 봅시다. 요약 노트는 복습할 때 중요한 역할을 하며, 과학 공부에서 반복 학습의 효과를 극대화합니다. 예를 들어, 화학의 '화학 반응식' 단원을 공부한 뒤 각 반응식의 기본 원리를 간단히 정리한 노트를 작성하면 시험 전 복습이 훨씬 효율적입니다. 이 과정에서 그림이나 표를 활용해 요약하면 더 쉽게 기억할 수 있습니다.

교과서를 단순히 읽는 데 그치지 않고 목차를 통해 전체 구조를 파악하며, 중요 개념과 용어를 표시하고, 질문과 예제를 활용해 사고력을 키우는 것이 중요합니다. 또한 시각 자료를 통해 개념을 시각적으로 이해하고, 요약 노트를 작성하며 복습하는 습관을 들인다면, 교과서는 단순한 텍스트를 넘어 과학 공부의 핵심 도구로 자리 잡을 것입니다. 이런 습관을 통해 과학 공부를 시작하는 데서부터 큰 변화를 경험할 수 있습니다.

어려운 과학 용어와 개념,
한 번에 이해하고 오래 기억하는 비법

: 낱말 암기에서 의미 연결로

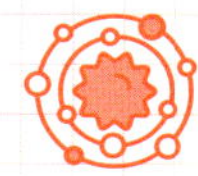

과학은 새로운 언어를 배우는 것과 같습니다. 학생들이 '관성', '밀도', '화학 결합' 같은 용어를 어려워하는 이유는 이 단어들이 일상생활과 거리가 멀기 때문입니다. 낯선 용어와 복잡한 개념이 과학 공부의 벽처럼 느껴지지만, 올바른 학습 방법을 이용하면 이 벽을 넘을 수 있습니다.

시각 자료 활용하기: 눈으로 보고 기억하기

사람의 뇌는 시각적 정보를 더 쉽게 기억합니다. 과학 용어와 개념을 배우는 데 있어 그림, 사진, 그래프 등을 활용하면 암기가 훨씬 쉬워집니다. 예를 들어, 'DNA의 구조'를 배울 때 단순히 '이중 나선'이라는 정의를 외우는 대신, DNA 모형의 그림이나 3D 이미지를 통해 구조를 시각적으로 익히면 기억에 오래 남습니다. 또한 복잡한 개념을 시각 자료로 간단히 정리해 보는 것도 좋습니다. 화학 반응식을 배울 때 분자 구조를 그림으로 표현하거나 각 단계의 변화를 색깔로 구분하면 훨씬 이해가 쉬워집니다.

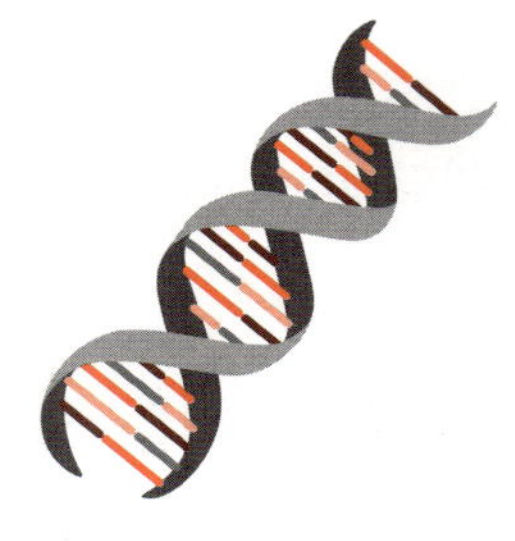

DNA 이중나선 구조

연결고리를 만드는 학습 하기

새로운 용어를 배울 때는 기존에 아는 것과 연결해 보는 것이 중요합니다. '관성'이라는 용어는 "달리는 버스 안에서 갑자기 멈췄을 때 몸이 앞으로 쏠리는 현상"으로 설명할 수 있습니다(비유 활용하기). 이렇게 익숙한 경험과 연결하면 학생들은 개념을 더 잘 이해하고 기억합니다. 과학적 개념을 스토리로 설명하면 이해가 더 쉬워집니다. 예를 들어, '화학 결합'을 사람들의 우정 관계에 비유해 설명하면 학생들이 쉽게 받아들입니다(이야기로 배우기). 과학 공부는 단순 암기보다 맥락을 이해하고 연결하는 과정이 더 중요합니다.

반복 학습 하기: 짧은 시간 동안 자주 반복하기

복잡한 용어는 한 번에 외우려 하지 말고 짧은 시간 동안 자주 반복하는 것이 효과적입니다. 하루 5~10분씩 과학 용어를 플래시카드로 복습하면 부담 없이 익숙해질 수 있습니다. 또 다른 방법은 학습한 용어를 소리 내어 반복하거나 친구와 퀴즈처럼 주고받으며 게임처럼 즐기는 것입니다. 연구에 따르면 반복 학습은 단기 기억을 장기 기억으로 전환하는 데 매우 효과적입니다.

실험과 경험을 통해 이해하기

과학 용어는 단순히 교과서에서 배우는 것보다 직접 경험을 통해 익힐 때 더 오래 기억됩니다. 예를 들어, '밀도'를 배울 때 같은 크기의 나무 조각과 철 덩어리를 물에 넣어보며 어떤 것이 가라앉는지 관찰하면 '밀도'라는 개념이 더 분명해집니다. 또 '빛의 반사'를 배우면서 거울에 빛을 비춰 반사각을 관찰하면 정의를 암기하는 것보다 훨씬 쉽게 개념을 이해할 수 있습니다. 이런 경험을 통해 과학은 '외워야 하는 지식'이 아닌, '직접 느낄 수 있는 현상'으로 다가옵니다.

자신만의 용어 노트 만들기

학생들이 과학 용어를 익히는 데 가장 효과적인 방법 중 하나는 개인 맞춤형 노트를 만드는 것입니다. 새로운 용어를 배울 때 간단한 정의와 함께 자신의 언어로 다시 표현해 보세요. 그림, 색깔, 도형 등을 추가해 시각적으로 정리하면 더 효과적입니다. 예를 들어, '중력'이라는 용어를 단순히 암기하는 대신, '지구가 나를 끌어당기는 힘'으로 풀어서 정리하고 옆에 사람이 땅으로 떨어지는 그림을 그리면 기억에 오래 남습니다.

중력: 지구가 나를 끌어당기는 힘

부모와 학생이 함께할 수 있는 학습 팁

부모와 학생이 함께 학습할 때는 **학습 도구**를 적극적으로 활용하는 것이 좋습니다. 이 과정을 통해 부모는 단순한 관찰자가 아니라 아이와 함께 과학을 탐구하는 동반자가 될 수 있습니다.

- **과학 용어 퀴즈 만들기**: 아이와 함께 과학 용어를 정리한 뒤 짧은 퀴즈 시간을 가지세요.
- **실험 키트 활용하기**: 시중에 나와 있는 간단한 과학 실험 키트를 활용하면 용어와 개념을 자연스럽게 익히는 데 도움이 됩니다.

과학 용어와 개념을 쉽게 익히는 비법으로 **시각화, 연결, 반복, 경험, 개인화**라는 다섯 가지 전략에 있습니다. 이 방법들을 활용하면 낯설고 어려운 과학 용어가 더 친숙하고 흥미롭게 느껴질 것입니다. 작은 습관이 쌓이면 학생들은 과학 공부의 벽을 넘어 자신감을 키울 수 있습니다.

하루 10분 정리법

: 반복이 아니라 구조화가 성적을 만든다

중학교 2학년 지현이가 과학 시간에 배운 원소 기호를 복습하려고 앉았을 때, 그녀는 머릿속이 텅 빈 것 같았습니다. "Mg는 마그네슘이었나? 아니면 망가니즈였나?" 겨우겨우 책을 찾아보며 정리하려고 했지만, 30분이 지나도 내용이 깔끔히 정리되지 않았습니다. 매번 이런 식이었습니다. 수업 시간에는 이해한 것 같았지만, 집에 와서 복습을 하려 하면 배운 내용이 산산이 흩어진 느낌이었습니다. 그녀는 시험 전날 밤샘 공부로 결국 벼락치기를 했고, 시험을 치른 뒤엔 피곤한 얼굴로 성적표를 받았습니다. 결과는 그녀가 기대했던 것에 한참 못 미쳤던 것이죠.

지현이의 부모님은 이런 딸의 모습을 보며 어떻게 도와줘야 할지 고민했습니다. 복습을 해야 한다는 사실은 알지만, 아이가 책상 앞에만 앉으면 금세 피곤해하거나 어디서부터 시작해야 할지 몰라 방황하는 것 같았습니다. 그러던 어느 날, 학습 컨설턴트가 제안한 '하루 10분 정리법'을 듣고 실천하기로 했습니다. 복잡한 학습 방식을 요구하는 것이 아니었습니다. 매일 수업이 끝난 뒤 노트를 펴고 그날 배운 주요 개념을 간단히 요약하는 것부터 시작했습니다.

처음엔 지현이도 의아해했습니다. '10분으로 뭘 할 수 있을까?' 했지만 이내 노트를 펼치고 오늘 과학 시간에 배운 내용 중 가장 중요한 걸 세 가지로 정리해 보자며 시작했습니다. 예를 들어, 화학 시간에 배운 '밀도'를 정리할 때는 '밀도 = 질량 ÷ 부피'라는 공식을 쓰고, 물과 기름을 넣은 유리병 그림을 그려가며 밀도의 차이가 어떻게 층을 형성하는지를 간단히 적었습니다. 그리고 매일 밤 잠들기 전, 10분 동안 이 내용을 다시 읽으며 복습을 했습니다.

한 달이 지나자 지현이는 "복습하니까 시험 전날 벼락치기 하지 않아도 돼서 너무 좋아요"라며 웃음을 보였습니다. 성적도 자연스럽게 올랐습니다. 그녀는 시험지를 받아들고 자신감 있게 문제를 풀 수 있었습니다.

복습이 왜 중요할까요? 우리의 뇌는 한 번 배운 내용을 바로 장기 기억으로 저장하지 않습니다. 19세기 독일의 심리학자 헤르만 에빙하우스(Hermann Ebbinghaus)는 기억과 망각에 관한 연구를 통해 이를 과학적으로 증명했습니다. 그는 1885년 저서 『기억에 관하여(Über das

학습 후 경과 시간	망각률	기억률(보유율)
학습 직후	0%	100%
20분 후	약 42%	약 58%
1시간 후	약 56%	약 44%
1일 후	약 67%	약 33%
31일 후	약 79%	약 21%

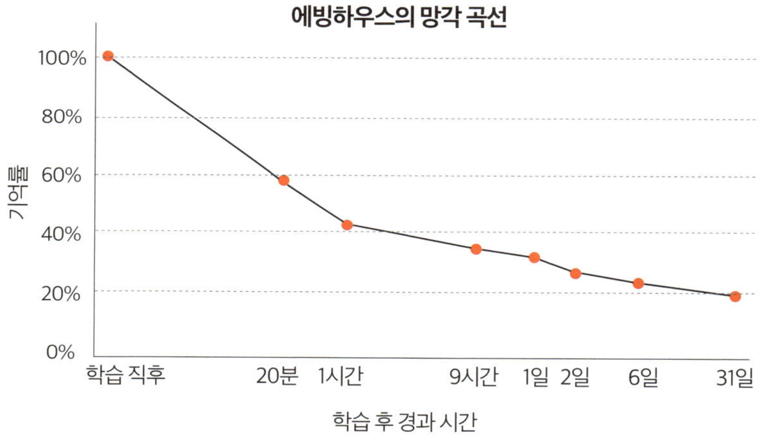

출처: Ebbinghaus, H. (1885). Über das Gedächtnis: Untersuchungen zur experimentellen Psychologie. Leipzig: Duncker & Humblot.

Gedächtnis)』에서 시간이 지남에 따라 기억이 어떻게 사라지는지를 보여주는 '망각 곡선'을 발표했습니다. 에빙하우스의 연구에 따르면, 새로운 정보를 학습한 후 별도의 복습 없이 시간이 흐르면 기억은 급격히 감소합니다. 학습 직후 20분이 지나면 약 42%가 망각되고, 1시간 후에는 56%, 하루가 지나면 67%, 한 달이 지나면 약 79%의 내용을 잊어버리게 됩니다. 반대로 말하면 하루가 지난 시점에서는 배운 내용의 약 33%만 기억에 남는다는 뜻입니다.

에빙하우스의 망각 곡선에서 핵심은 학습 직후부터 망각이 빠르게 진행되므로 당일 복습이 기억 유지에서 가장 중요하다는 것입니다. 특히 과학처럼 많은 용어와 개념이 서로 얽혀 있는 과목에서는 복습과 반복 학습이 필수적입니다. 하지만 복습은 단순히 '배운 내용을 다시 읽는 것'에서 끝나지 않습니다. 복습은 배운 내용을 자신의 것으로 체화하고 개념을 문제 해결로 연결하는 과정이기 때문입니다. '하루 10분 정리법'은 이 과정을 효과적으로 돕습니다.

에빙하우스는 또한 반복 학습의 효과도 발견했습니다. 한 번 학습한 내용을 적절한 시점에 다시 복습하면 망각의 속도가 느려지고, 이러한 복습이 반복될수록 기억은 점점 더 오래 유지됩니다. 10분 후 복습하면 1일 동안, 1일 후 복습하면 1주일 동안, 1주일 후 복습하면 1개월 동안, 1개월 후 복습하면 6개월 이상 기억이 유지된다는 것입니다. 이것이 바로 '분산 학습' 또는 '간격 효과'라 불리는 원리입니다.

지민이는 고등학교 1학년 때 생물 시간에 '세포 분열 중 DNA 복제'에 대해 배웠습니다. 수업 시간에 선생님이 칠판 가득 설명한 내용을 노트에 적으며 그는 '이걸 어떻게 다 외우지?'라는 생각에 한숨부터 나왔다고 합니다. 하지만 '배운 내용을 우선 세 줄로 요약해 보자'라고 마음먹었습니다. 지민이는 이중나선 구조, 염기의 상보적 결합, 새로운 DNA

형성이라는 세 단계를 정리해 보았습니다. 이후 매일 수업이 끝난 뒤 10분 동안 이 내용을 다시 읽고 이해되지 않는 부분은 친구들과 이야기를 나누며 풀어갔습니다.

시험을 앞두고도 지민이는 더 이상 불안하지 않았습니다. "배운 내용을 반복하니까, 문제를 봤을 때 답이 바로 떠올라요." 지민이는 단순히 암기하는 것을 넘어 복잡한 개념을 연결하는 능력을 키우게 된 것입니다.

민수의 경우 '하루 10분 정리법' 덕분에 공부 습관을 완전히 바꾼 사례입니다. 그는 중학교 1학년 때 과학 시험을 준비하며 매번 시험 전날 밤을 새우는 벼락치기로 버텼습니다. 하지만 결과는 늘 실망스러웠습니다. 민수의 어머니는 아들의 모습을 안타깝게 보며 '어떻게 하면 아이가 공부를 덜 부담스럽게 느낄 수 있을까?' 고민하던 끝에 '하루 10분 정리법'을 함께 실천하기로 했습니다.

수업이 끝나고 민수는 그날 배운 내용을 간단히 요약해 보았습니다. 그는 "밀도란 무엇인가?"라는 질문에 "질량을 부피로 나눈 값"이라 대답하며 개념 정리를 반복했습니다. 처음엔 귀찮아하던 민수도 몇 주 뒤에는 스스로 노트를 정리하며 자신만의 정리 방법을 활용하기 시작했습니다. 시험이 다가오자 그는 더 이상 두려움을 느끼지 않았습니다. "시험 전날에도 복습한 내용이 머릿속에 그대로 남아 있었어요." 중간고사에서 처음으로 80점을 넘으며 그는 자신감을 되찾았습니다.

'하루 10분 정리법'은 간단하지만 강력합니다. 매일 과학 수업이 끝난 뒤 노트를 펴고 그날 배운 내용을 요약하는 것만으로도 배운 내용은 훨씬 오래 기억에 남습니다. 중요한 것은 요약의 질(質)입니다. 단순히 공식만 외우는 것보다 일상 속 사례와 연결해 이해를 돕는 것이 중요합니다. 예를 들어, '관성'을 배웠다면 '달리는 버스가 갑자기 멈췄을 때 몸이 앞으로 쏠리는 현상'처럼 실생활의 경험을 떠올리며 정리해 보는 것도 좋습니다. 플래시카드처럼 앞면에 질문을, 뒷면에 답을 적어 학습 퀴즈로 활용하면 반복 학습을 부담 없이 실천할 수 있습니다.

부모님은 이 과정을 도울 수 있는 중요한 역할을 할 수 있습니다. 아이가 스스로 복습할 수 있도록 시간을 정하고 작은 성공에도 칭찬을 아끼지 않는 것이 중요합니다. 어떤 부모는 아이와 함께 플래시카드로 학습 퀴즈를 진행하며 웃음을 나누기도 했습니다. "광합성에 필요한 세 가지 요소는?"이라는 질문을 던지고 아이가 답하면 "그럼 이 과정에서 산소가 어떻게 만들어질까?" 같은 추가 질문을 이어가며 자연스럽게 대화를 진행하였습니다. 학습은 더 이상 아이 혼자 짊어져야 할 짐이 아니라 가족이 함께하는 시간이 되었던 것입니다.

하루 10분이라는 짧은 시간은 누군가에게는 큰 변화를 만들 수 있는 시작점입니다. 복잡하고 어렵게 느껴지던 과학도 매일 조금씩 반복하면 점점 익숙해지고 자신감이 쌓이게 됩니다. 지현, 지민, 민수의 사례가 보여주듯, 이 작은 습관은 학생들에게 공부의 즐거움과 성취감을 선물할 수 있습니다. 지금 당장 노트를 펴고 오늘 배운 내용을 10분 동안 정리해 보는 건 어떨까요? 변화는 그렇게 시작되는 것입니다.

과학 노트 정리법

: 개념이 정리되는 과학 노트 만들기

"우리 아이는 수업 시간에 열심히 필기를 하긴 하는데, 집에 오면 다시 공부를 어떻게 시작해야 할지 모르겠대요."

"노트를 보면서 복습을 하려고 해도 뭐가 중요한지 모르겠다고 해요."

학생들과 학부모에게서 자주 듣는 고민입니다. 과학은 많은 용어와 개념이 서로 얽혀 있어 수업 시간에만 이해한 것처럼 느끼고 복습하지 않으면 쉽게 잊어버리기 십상입니다. 게다가 노트 정리를 할 때 중요한 점을 뽑아내지 못하고 무작정 모든 내용을 적거나 너무 간단히 적어서 복습에 도움이 되지 않는 경우가 많습니다.

과학 노트를 정리하는 것은 단순히 내용을 옮겨 적는 과정이 아닙니다. 배운 내용을 체계적으로 정리하고 스스로 복습할 수 있도록 도와주는 학습의 도구입니다. 초등학생과 중학생 시기에 이 습관을 잘 들이면 과학 공부가 훨씬 수월해지고 재미있어질 수 있습니다. 여기에서는 과학 노트를 핵심만 간결하게 정리하는 방법과 이를 통해 학습 효과를 극대화하는 비법을 알려드리겠습니다.

왜 핵심만 담아야 할까?

노트를 정리할 때 가장 흔히 하는 실수 중 하나는 너무 많은 내용을 적는 것입니다. 칠판에 적힌 모든 내용을 베껴 쓰거나 수업에서 들은 모든 설명을 글로 옮기려다 보면 정작 중요한 핵심이 묻혀버릴 수 있습니다.

뇌과학에서도 '정보 과부하'는 학습 효과를 떨어뜨리는 주요 원인으로 꼽힙니다. 뇌는 한 번에 너무 많은 정보를 처리하지 못하기 때문에, 적은 양의 핵심 정보로 시작해 점차 확장하는 방식이 효과적입니다. 즉 과학 노트는 중요한 핵심 내용만 담고 그 내용을 기반으로 이해를 확장할 수 있도록 구성해야 합니다.

초등학생과 중학생은 아직 중요한 것과 덜 중요한 것을 구분하는 데 익숙하지 않을 수 있습니다. 따라서 핵심만 담는 습관은 처음엔 어렵게 느껴질 수 있지만, 한 번 익히고 나면 시험 준비나 복습할 때에도 훨씬 효과적으로 학습할 수 있습니다.

1) 하나의 개념을 세 줄로 요약하기

수업 시간에 배운 내용을 복습할 때 주요 개념을 세 줄로 요약하는 연습을 해보세요. 예를 들어, 물리 시간에 '관성'을 배웠다면 다음과 같이 정리할 수 있습니다.

- **관성**: 운동 상태를 유지하려는 성질
- **실생활 예**: 달리는 버스가 갑자기 멈출 때 몸이 앞으로 쏠림
- **중요한 공식**: 없음(정의와 사례 중심)

짧고 간단하게 정리하면서도 개념을 기억하고 응용하는 데 도움이 되는 핵심 내용을 담는 것이 포인트입니다.

2) 시각 자료 활용하기

글로만 적으면 나중에 복습할 때 어려움을 겪기 쉽습니다. 따라서 다이어그램, 그림, 화살표 등을 적극 활용하세요. 예를 들어, '소화 과정'을 정리할 때 위, 소장, 대장의 흐름을 화살표로 표시하거나, '위에서 소화액 분비 → 소장에서 영양소 흡수' 같은 주요 과정을 그림으로 표현하면 복습할 때 훨씬 이해하기 쉬워집니다. 이 방법은 특히 시각적 학습 스타일을 가진 학생들에게 매우 효과적입니다. 시각 자료를 함께 활용하면 기억 유지에 효과적이라는 것은 여러 연구들이 일관되게 보여주고 있습니다.

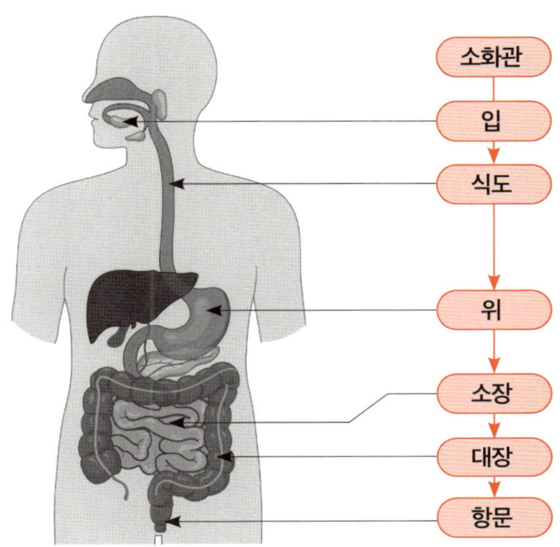

소화 과정을 보여주는 시각 자료

3) 자신의 언어로 다시 쓰기

학교나 학원 등에서 선생님이 말한 내용을 그대로 옮겨 적는 것은 큰 효과를 발휘하지 못합니다. 대신 배운 내용을 스스로 이해하고 자신의 언어로 바꿔보는 것이 중요합니다. 예를 들어, "광합성 과정에서 CO_2와 H_2O가 결합하여 산소와 포도당을 생성한다"는 내용을 "광합성: 식물이 빛을 이용해 이산화탄소와 물을 포도당과 산소로 바꾸는 과정"이라고 바꿀 수 있습니다. 이렇게 자신의 언어로 정리하면 배운 내용을 더 오래 기억할 수 있고, 나중에 복습할 때도 훨씬 쉽게 이해할 수 있습니다.

4) 요약을 질문으로 바꾸기

정리한 내용을 질문으로 변환해 보는 것도 좋은 방법입니다. 예를 들어, "광합성의 산물은 무엇인가?" 또는 "광합성에서 빛의 역할은 무엇인가?" 같은 질문을 만들어 보세요. 질문을 만들면 복습할 때 머릿속에서 자연스럽게 답을 떠올리는 연습이 됩니다.

부모님과 함께하는 과학 노트 정리

부모님도 아이가 노트 정리를 잘할 수 있도록 도움을 줄 수 있습니다. 예를 들어, 아이가 작성한 노트를 보고 "이 내용 중에서 가장 중요한 게 뭐라고 생각해?"라며 대화를 나눠보세요. 또는 "이 개념을 네가 배운 다른 개념과 연결해 볼 수 있을까?" 같은 질문을 던지면 아이가 배운 내용을 다시 한번 떠올리고 정리하는 데 도움이 됩니다.

정리한 내용을 플래시카드로 만들어 퀴즈를 진행해 보는 것도 좋은 방법입니다. "광합성의 반응 물질은?" 같은 질문을 던지고, 아이가 답하면 칭찬과 함께 추가 질문을 던져보세요. 이렇게 하면 아이는 단순한 암기가 아니라 배운 내용을 체계적으로 정리할 수 있는 기회를 얻게 됩니다.

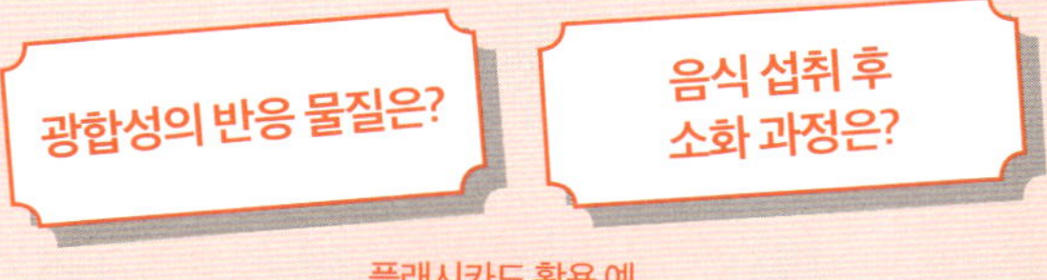

플래시카드 활용 예

과학 노트를 정리하는 것은 단순히 깔끔하게 필기하는 것이 아니라, 배운 내용을 체계적으로 정리하고 이해를 확장하는 과정입니다. 핵심만 담고 시각 자료를 활용하며 자신의 언어로 정리하는 작은 습관은 과학 공부를 더 재미있고 효과적으로 만들 수 있습니다. 오늘부터 바로 실천해 보세요. 이 작은 변화가 아이의 학습 태도와 결과를 바꾸는 시작점이 될 것입니다.

맞춤형 학습법

: 아이의 속도에 맞춰 사고력을 키우는 방법

"우리 아이는 왜 이렇게 느릴까요? 같은 문제를 몇 번을 풀어도 금방 잊어버리는 것 같아요." "다른 아이들에 비해 진도가 늦는 것 같아 조바심이 나요. 어떻게 해야 따라잡을 수 있을까요?" 학부모들이 자주 하는 이런 질문들을 들을 때마다 저는 이렇게 말씀드립니다. "아이마다 학습 속도는 다릅니다. 중요한 건 속도가 아니라, 그 속도에 맞게 아이가 스스로 학습의 흐름을 만들어 갈 수 있도록 돕는 것입니다."

모든 아이가 같은 속도로 배우고 같은 방식으로 이해할 수는 없습니다. 아이마다 이해하는 속도가 다르고, 개념을 받아들이는 방식도 다양합니다. 중요한 건 아이의 속도를 존중하면서 그에 맞는 학습 환경과 방법을 설계하는 것입니다.

뇌과학에 따르면 학습의 효과는 뇌가 정보를 처리하는 방식과 밀접하게 관련이 있습니다. 어떤 아이는 새로운 정보를 빠르게 처리할 수 있는 '속도형 학습자'일 수 있지만, 더 많은 시간이 필요하거나 반복 학습을 통해서만 효과를 보는 '천천히 배우는 학습자'도 있습니다.

미국의 심리학자 캐롤 드웩(Carol Dweck)의 연구에 따르면, 아이들에게 '성취의 과정'을 강조할 때 학습에 대한 자신감과 동기 부여가 더 커진다고 합니다. 반면 결과나 속도에 집착하면 아이들은 스트레스를 느끼고 자기 효능감이 낮아질 수 있습니다. 따라서 아이의 속도에 맞춰 학습 계획을 조정하는 것은 단순히 효율성을 높이는 것을 넘어, 아이가 학습에 대한 긍정적인 태도를 유지하는 데도 중요합니다. 아이의 속도에 맞춘 학습법, 다음과 같이 해보세요

목표 작게 나누기

큰 목표는 작은 단계로 나눠 보세요. 예를 들어, '화학 반응식 완벽히 이해하기'라는 목표가 있다면, 이를 '원소, 원자, 분자의 개념 및 정의 익히기 → 주기율표 < 화학 결합 < 화학 반응식의 정의 배우기 → 기본 공식 암기하기 → 연습문제 풀기'와 같이 작은 단계로 쪼갭니다. 이 과정을 통해 아이는 한 번에 모든 것을 배우려는 부담에서 벗어나 작은 성취를 느끼며 자신감을 얻을 수 있습니다. 특히 속도가 느린 아이들에게 이 방법이 큰 도움이 됩니다.

목표: '화학 반응식' 완벽하게 이해하기

원소, 원자, 분자의 개념 및 정의 익히기

주기율표 < 화학 결합 < 화학 반응식의 정의 배우기

기본 공식 암기하기

연습문제 풀기

반복과 복습 자연스럽게 연결하기

속도가 느린 아이들은 새로운 개념을 잊어버리지 않도록 자주 반복하고 복습하는 것이 중요합니다. 하지만 반복 학습을 강요하면 오히려 흥미를 잃을 수 있습니다. 이럴 땐 게임이나 퀴즈 형식으로 학습을 진행해 보세요. 예를 들어, 플래시카드를 활용해 아이와 질문과 답을 주고받는 식으로 복습하거나 배운 내용을 간단히 설명해 보게 하면 자연스럽게 반복 학습이 이루어집니다.

성취감을 느낄 수 있는 작은 성공 제공해 주기

학습 속도가 느린 아이들도 스스로 '나도 할 수 있다'는 성취감을 느낄 수 있는 환경이 필요합니다. 작은 성공을 제공해 주기 위해 아이가 잘한 부분을 구체적으로 칭찬하세요. "오늘은 화학 반응식을 2개나 외웠구나!” 같은 구체적인 칭찬은 아이의 학습 동기를 크게 높일 수 있습니다.

스스로 학습 리듬 찾게 돕기

속도가 빠른 아이들은 스스로 학습 계획을 세우는 것을 좋아합니다. 반면 속도가 느린 아이들은 계획을 세우는 것 자체가 어려울 수 있습니다. 이때는 학부모가 기본적인 틀을 제공하되, 아이가 직접 선택할 수 있도록 유도하세요. 예를 들어, “오늘 과학 공부를 시작하기 전에, 먼저 복습할까? 아니면 새 단원을 읽어볼까?” 같은 질문을 던진다면 아이는 학습의 주도권을 가졌다고 느끼면서도 혼란을 덜 겪을 수 있습니다.

아이의 속도에 맞춰 학습법을 조정하려면 학부모의 역할이 매우 중요합니다. 초등학생과 중학생 시기에 부모는 아이가 학습 과정에서 느끼는 어려움을 이해하고 이에 맞게 지도해 주어야 합니다. 특히 다음과 같은 점에 주의해 주세요.

첫째, 비교를 피하세요. “다른 아이들은 빨리 배우던데”라는 말은 아이에게 큰 스트레스를 줄 수 있습니다. 대신 “네 방식대로 잘 해내고 있어”라고 말하며 아이의 노력을 인정해 주세요.

둘째, 아이의 속도에 맞춰 기대를 설정하세요. 속도가 느린 아이에게 지나치게 높은 기대를 설정하면 아이는 쉽게 지치고 좌절감을 느낄 수 있습니다. 작은 목표를 설정하고, 이를 달성할 때마다 칭찬과 격려를 아끼지 마세요.

셋째, 정기적인 대화로 아이의 상태를 확인하세요. "오늘 배운 것 중에서 뭐가 가장 재미있었어?" 또는 "지금 공부하면서 어려운 점은 뭐야?" 같은 질문을 통해 아이의 상태를 정기적으로 점검하세요. 이 과정은 아이가 학습에 대한 부담을 덜고 부모와의 소통을 통해 안정감을 느끼게 합니다.

아이마다 학습 속도는 다르지만 그 속도를 존중하고 이에 맞는 학습 환경을 제공하면 아이는 자신만의 리듬을 찾아 스스로 공부할 수 있는 힘을 키울 수 있습니다. 아이의 속도에 맞춰 작은 목표를 달성하는 경험이 쌓이면 더 큰 성취와 자신감으로 이어질 것입니다. 오늘부터 학습 목표를 정하고 자신의 속도에 맞는 공부 계획을 세워 보세요. 중요한 것은 속도가 아니라 학습 과정에서 느끼는 즐거움과 성취감입니다.

3장

개념을 잡으면
과학이 쉬워진다

: 단원을 넘나드는 사고가 시작되는 지점

개념 이해의
중요성

: 암기를 넘어 사고로 가는 첫 단계

"공식은 다 외웠는데 문제를 풀 때 어떻게 적용해야 할지 모르겠어요."

"시험 전날 열심히 암기했는데 막상 문제를 보면 머릿속이 하얘져요."

과학 공부를 하며 학생들이 가장 자주 털어놓는 고민입니다. 많은 학생들은 과학을 외우는 과목이라고 생각하며 공식과 용어 암기에 치중합니다. 그러나 과학은 단순히 외우는 것이 아니라, 세상을 이해하고 문제를 해결하는 사고력을 키우는 학문입니다. 단순 암기로는 문제해결 능력을 키우기 어렵고, 시험장에서 쉽게 긴장하거나 막히는 경우가 많습니다.

암기를 넘어 사고 중심 학습으로 전환하면 학생들은 문제를 보는 눈이 달라지고, 과학에 대한 흥미가 높아지며, 성적이 꾸준히 상승합니

과학적 사고 확장의 4단계

단계	핵심	설명
1단계	암기	공식, 용어 습득(기초 토대)
2단계	이해	'왜?'를 설명할 수 있음
3단계	연결	실생활과 연결
4단계	응용	새로운 문제 해결, 창의적 적용

다. 과학 공부의 핵심은 암기를 넘어 개념을 깊이 이해하고 이를 문제 해결에 활용하는 데 있습니다. 개념 이해는 학습을 더 재미있게 만들고 실생활에서 과학의 중요성을 느끼게 해줍니다. 여기에서는 암기 중심 학습의 한계를 극복하고 사고 중심 학습으로 전환하는 방법과 그 효과를 소개하겠습니다.

과학에서 암기는 물론 중요합니다. 공식과 용어를 정확히 알아야 문제를 풀 수 있기 때문입니다. 그러나 암기에만 의존하면 문제의 변형에 취약해지고 실질적인 사고 과정이 결여될 수 있습니다. 예를 들어, '뉴턴의 운동 법칙'을 배운 학생들은 종종 '관성의 법칙'을 암기하곤 합니다. "외부에서 힘이 작용하지 않으면 물체는 원래의 운동 상태를 계속 유지하려고 한다"는 문장을 말로는 외웠지만, 이를 실제 상황에 적용하려고 하면 쉽게 막히는 경우가 많습니다.

학원에서 만난 한 학생도 비슷한 경험을 했습니다. 그는 문제집에 나온 "달리는 버스가 갑자기 멈출 때 몸이 앞으로 쏠리는 이유를 설명하라"는 문제를 풀다가 멈칫했습니다. "관성 때문이겠죠?"라고 대답했지만, 구체적으로 왜 관성과 연결되는지 설명하지 못했습니다. 그래서 제가 학생에게 질문했습니다.

"버스 안에 앉아 있을 때 네 몸은 왜 버스와 함께 앞으로 움직일까?"

"그야 버스가 움직이니까요."

"맞아. 그런데 버스가 갑자기 멈추면 왜 몸이 앞으로 쏠릴까?"

"음…. 버스가 멈췄으니까요?"

이 학생은 '관성의 법칙'을 암기했지만, 버스가 멈추면서 몸이 앞으로 쏠리는 이유가 관성 때문이라는 것을 명확히 이해하지 못하고 있었습니다. 저는 그에게 이렇게 설명했습니다.

"너의 몸은 버스와 함께 움직이고 있었지. 그런데 버스가 멈추면 네 몸은 원래 상태를 유지하려고 해. 즉 버스가 멈췄다는 사실을 모르고 계속 앞으로 움직이려는 거야. 이게 바로 관성이야."

학생은 이 설명을 듣고 고개를 끄덕이며 이렇게 말했습니다.

"아, 그러니까 제 몸이 움직이고 있는 상태를 유지하려고 했기 때문에 앞으로 쏠린 거군요!"

즉 이 학생은 '뉴턴의 운동 법칙'이 단순한 문장이 아니라 자신이 매일 실생활에서 경험하는 현상이라는 것을 깨달았습니다. 이후 그는 비슷한 문제를 다시 만났을 때도 "이건 관성이 작용한 거예요"라고 자신 있게 답했습니다.

뇌과학 연구에 따르면 암기는 단기 기억에 머물기 쉽습니다. 시험 전날 열심히 암기한 내용이 시험 후에 금방 잊혀지는 이유도 바로 이 때문입니다. 반면 개념을 깊이 이해하고 이를 사고 과정에 연결하면 장기 기억으로 저장되어 오래 유지됩니다. 이해는 단순 암기를 넘어 문제해결 능력을 키우는 첫걸음입니다. 개념을 이해하고 사고 중심으로 접근하려면 배운 내용을 실생활과 연결하고, 질문을 통해 사고를 확장하며, 시각적 자료를 활용해 학습을 구체화하는 과정이 필요합니다.

과학은 우리 주변의 현상을 설명하는 학문입니다. 학생들이 배운 개념을 실생활에 연결하면 이해가 훨씬 쉬워집니다. 예를 들어, 물리에서 '마찰력'을 배우는 경우 "비 오는 날 자동차가 왜 쉽게 미끄러지는지 이야기해 보세요"라는 질문은 마찰력의 감소와 그 결과를 자연스럽게 설명할 수 있는 기회를 제공합니다. 화학에서는 설탕이 물에 녹는 과정을 관찰하며 용질, 용매, 용해의 개념을 이해할 수 있습니다. 생명과학에서는 달리기를 한 뒤 숨이 가빠지는 이유를 순환계와 연결해 설명하고, 지구과학에서는 계절의 변화를 태양과 지구의 위치 변화로 풀어낼 수 있습니다. 이처럼 실생활에서 접하는 사례를 활용하면 과학 개념이 단순한 지식이 아니라 유용한 도구로 느껴지게 됩니다.

질문은 사고 중심 학습의 시작점입니다. "왜 그럴까?"라는 질문을 던지고 학생들이 스스로 답을 찾도록 돕는 것이 중요합니다.

"왜 물체는 힘을 받지 않으면 계속 움직이려고 할까?"

"왜 지구에서만 생명체가 존재할까?"

질문에 대한 답을 찾는 과정은 학생들이 과학 개념을 자신만의 언어로 정리하고, 문제해결 능력을 키우는 데 큰 도움을 줍니다. 단순히 공식과 용어를 외우는 대신, 배운 내용을 실제로 응용할 수 있는 사고력을 길러줍니다.

시각 자료 활용하기

글로만 배우는 과학 개념은 이해하기 어렵습니다. 그림, 다이어그램, 표를 활용하면 개념이 더 명확해지고 기억하기 쉬워집니다. 이러한 시각적 자료는 학생들이 개념을 직관적으로 이해하도록 돕고, 문제 풀이 과정에서도 큰 도움을 줍니다. 시각 자료의 예로 다음과 같은 것들이 있습니다.

물리: 힘의 방향과 크기를 화살표로 표현하기

화학: 반응 전후 물질의 변화를 색으로 구분하기

생명과학: 세포 구조를 그림으로 그리며 시스템 이해하기

학원에서 만난 또 다른 학생은 화학 반응식을 단순히 암기하는 것에 어려움을 겪었습니다. 그래서 그에게 설탕이 물에 녹는 과정을 관찰하고 이를 분자 수준에서 그림으로 표현해 보도록 했습니다. 그 결과 그는 반응식을 암기하지 않고도 물질의 변화를 이해하며 문제를 해결할 수 있었습니다. 이처럼 사고 중심 학습은 학생들에게 과학을 흥미롭고

자신감 있는 과목으로 바꿔줍니다. 암기를 넘어 사고 중심 학습으로 전환하면 학생들은 다음과 같은 변화를 경험할 수 있습니다.

- **문제를 보는 눈이 달라집니다.**

  문제를 단순히 푸는 것이 아니라 분석하고 해결하는 능력을 기르게 됩니다.

- **과학에 대한 흥미가 높아집니다.**

  과학을 외워야 하는 과목이 아닌, 세상을 이해하는 도구로 받아들이게 됩니다.

- **성적이 꾸준히 상승합니다.**

  개념을 이해하고 사고하며 공부한 학생은 시험에서도 안정적으로 문제를 해결할 수 있습니다.

과학 공부에서 중요한 것은 얼마나 많은 공식을 외웠는지가 아니라, 배운 개념을 얼마나 깊이 이해하고 문제에 적용할 수 있는가입니다. 사고 중심 학습은 학생들에게 과학에 대한 흥미와 자신감을 심어주며 학습의 질을 높여줍니다. 오늘부터 단순 암기를 넘어 개념을 이해하고 사고를 확장하는 학습법을 실천해 보세요. 작은 변화가 쌓여 과학 공부에 큰 변화를 만들어 낼 것입니다.

일상 속 예시로 과학 개념 확실히 이해하기

: 개념과 경험이 만날 때 이해는 깊어진다

과학은 단순히 시험 점수를 위한 학문이 아닙니다. 과학은 우리가 살아가는 세상, 그리고 그 안에서 일어나는 모든 현상을 설명하는 도구입니다. 하지만 많은 학생들은 과학을 멀게 느끼고 왜 배우는지조차 이해하지 못한 채 공식을 외우고 문제를 풀어야 하는 부담스러운 과목으로 받아들입니다.

그렇다면 과학을 실생활과 연결하면 어떤 변화가 일어날까요? 학생들은 과학이 자신의 삶과 밀접하게 관련된 학문이라는 것을 깨닫고 학습에 흥미를 느끼게 됩니다. 여기에서는 실생활의 문제를 통해 과학 개념을 배우고, 이를 활용하여 세상을 이해하는 새로운 관점을 제시해 보겠습니다.

실생활 속 많은 문제들은 과학 개념을 통해 해결할 수 있습니다. 예를 들어, 날씨가 추워지면 많은 사람들이 창문에 생기는 결로 현상을 경험합니다. 아이에게 "왜 창문에 물방울이 맺힐까?"라고 질문해 보세요. 이 현상은 공기 중 수증기가 차가운 창문에 닿으면서 물로 응축되는 과정으로 설명할 수 있습니다. 이는 상태 변화와 열의 이동이라는 과학 개념과 연결됩니다.

이런 문제는 단순히 과학 개념을 배우는 것에 그치지 않고, 이를 실제로 적용해 해결책을 모색하는 과정으로 이어질 수 있습니다. 결로 현상을 줄이기 위해서는 창문 틀 주변의 온도를 높이거나 실내 습도를 조절하는 방법을 이용해야 합니다. 아이들은 이 과정에서 과학이 단순히 암기 과목이 아니라, 실질적인 문제를 해결하는 도구라는 사실을 깨닫게 됩니다.

실생활과 연결된 과학 학습은 단순히 지식을 배우는 것을 넘어 창의적인 사고를 기르는 기회를 제공합니다. 예를 들어, 아이에게 익숙한 배달 음식을 주제로 질문해 보세요.

"왜 뜨거운 음식은 보온 용기에 담겨 배달될까?"

"음식이 식지 않도록 열이 이동하지 않게 하려면 어떤 방법이 효과적일까?"

이 질문은 열전도와 단열의 개념으로 연결됩니다. 학생들이 직접 보온 용기나 포장재를 관찰하며 어떤 소재가 열전도를 줄이는 데 가장 적합한지 토론하게 한다면 실험과 학습을 창의적으로 결합할 수 있습니다.

또 다른 예로, 학생들에게 태양광 에너지에 대해 이야기하며 학교 건물에 태양광 패널을 설치할 경우 어떤 효과가 있을지 고민하도록 해보세요. '에너지의 변환과 활용'이라는 과학 개념을 실생활의 지속 가능한 환경 문제와 연결할 수 있습니다.

학생들은 자신이 직접 경험한 것을 더 잘 이해하고 기억합니다. 따라서 감각과 경험을 활용한 과학 학습은 매우 효과적입니다. 예를 들어, 많은 학생들이 여름철에 물놀이를 하며 부력을 경험합니다. 물에 몸이 둥둥 떠오르는 경험은 아르키메데스의 원리를 이해하는 데 좋은 출발점이 됩니다. 학생들에게 물에 뜨는 물체와 가라앉는 물체를 비교해 보도록 하세요. 물의 밀도와 물체의 부피가 부력에 미치는 영향을 설명하며 부력의 원리를 자연스럽게 체득하게 할 수 있습니다. 이후에는 이 개념을 배의 설계나 수영장에서의 안전 문제와 연결하여 응용할 수도 있습니다.

또한 소리의 전달을 배우는 시간에는 빈 플라스틱 컵과 실을 이용해 간단한 전화기를 만들어 보게 하세요. 학생들이 소리가 실을 통해 어떻게 전달되는지 직접 관찰하면 소리의 진동과 매질의 역할을 명확히 이해할 수 있습니다.

과학을 실생활과 연결하는 과정은 학생들에게 환경과 사회에 대한 책임감을 키울 수 있는 기회이기도 합니다. 예를 들어, 플라스틱 폐기물 문제를 다루며 학생들에게 "플라스틱이 자연에서 분해되는 데 왜 오랜 시간이 걸릴까?"라는 질문을 던져 보세요. 이 질문은 플라스틱의 화

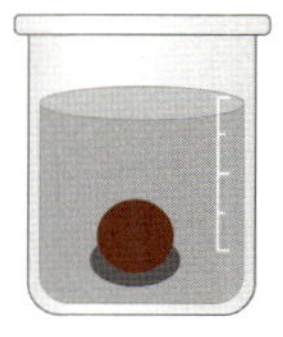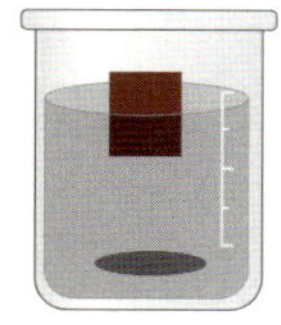

부력의 원리를 배울 수 있는 실험
(물에 뜨는 물체와 가라앉는 물체 비교)

플라스틱 전화기 실험
(소리의 진동과 매질의 역할 이해)

학적 구조와 자연 분해의 원리를 설명하는 기회가 됩니다. 더 나아가 학생들에게 재활용의 중요성을 강조하고, 플라스틱 사용을 줄이기 위한 방법을 토론하게 할 수도 있습니다. 학생들은 과학 개념을 배움과 동시에, 자신의 선택이 환경에 미치는 영향을 고민하는 책임감을 기를 수 있습니다.

실생활 사례를 통해 과학 개념을 배우는 것은 학생들에게 다음과 같은 긍정적인 변화를 가져옵니다.

· 이해의 깊이가 커집니다.

실생활과 연결된 과학 개념은 추상적인 이론보다 구체적으로 다가와 더 쉽게 이해할 수 있습니다.

· **문제해결 능력을 기릅니다.**

실생활 문제를 다루는 과정에서 논리적 사고와 창의적 문제해결 능력을 키울 수
있습니다.

· **흥미와 동기를 높입니다.**

자신의 삶과 직접 연결된 학습은 과학에 대한 흥미를 심어주고 학습 동기를 강화
시켜 줍니다.

· **책임감을 배웁니다.**

환경 문제나 사회적 도전을 과학적 시각으로 바라보며 자신의 역할을 고민하게
됩니다.

과학은 우리 삶의 모든 영역에서 작용하는 학문입니다. 학생들이 과
학 개념을 실생활과 연결할 때 과학은 단순한 교과목을 넘어 세상을 이
해하고 더 나은 미래를 만드는 도구로 자리 잡을 수 있습니다. 오늘부
터 아이와 함께 주변의 문제를 과학적으로 탐구하고 작은 질문에서 시
작해 큰 깨달음을 얻는 여정을 시작해 보세요. 이런 경험은 과학 공부
에 대한 자신감과 흥미를 크게 높여줄 것입니다.

과학 개념을 효과적으로 정리하는 방법

: 머릿속에 오래 남는 개념 정리법

　과학 공부에서 핵심은 개념 정리입니다. 많은 학생들이 과학을 어려워하는 이유는 한 번 배운 개념이 제대로 정리되지 않아 반복 학습이나 문제 풀이 과정에서 혼란을 겪기 때문입니다. 개념을 체계적으로 정리하면 새로운 문제에 대한 두려움을 줄이고 자신감을 높일 수 있습니다. 여기에서는 과학 개념을 효과적으로 정리하는 방법과 그 효과를 소개하겠습니다.

　과학 공부에서 개념 정리는 단순히 정보를 저장하는 과정을 넘어 배운 내용을 응용하고 문제를 해결하는 데 필수적인 단계입니다. 뇌과학 연구에 따르면 정보를 단순히 읽고 외우는 것보다 구조화하고 재구성하는 과정이 기억을 더 오래 유지시키고 학습의 효율성을 높인다고 합니다. 예를 들어, 화학에서 주기율표를 단순히 외우는 학생과 원소들의 배열 원리를 이해하며 정리한 학생의 학습 효과는 크게 다릅니다. 전자는 시험 이후에 금방 내용을 잊어버리지만, 후자는 새로운 화학 반응 문제를 만나도 배운 내용을 응용할 수 있습니다. 이처럼 개념 정리는 암기와 이해를 연결하는 다리 역할을 합니다.

과학 개념 정리의 3단계 방법

1단계: 핵심 파악하고 구조화하기

과학 개념은 방대하지만 모든 내용을 똑같이 학습할 필요는 없습니다. 핵심 개념을 중심으로 학습 내용을 구조화하면 이해와 기억이 더 쉬워집니다. 과학 노트 활용 방법을 소개하면, 교과서의 챕터마다 중요한 개념과 정의를 요약하며 관련된 공식이나 그래프를 정리합니다. 예를 들어, 물리에서 '힘'이라는 주제를 다룰 때 중력, 마찰력, 탄성력 등 관련 개념을 다이어그램(개념 연결 다이어그램)으로 연결해 보세요. 개념 간의 관계를 시각화하면 더 잘 기억할 수 있습니다.

2단계: 시각화로 개념 생생하게 하기

과학 개념은 눈에 보이지 않는 이론이나 과정인 경우가 많아 시각화를 통해 구체화하는 것이 중요합니다. 먼저, 마인드맵은 과학 개념을 중심으로 관련된 내용을 방사형으로 정리할 수 있는 도구입니다. 예를 들어, 화학 반응식의 종류를 마인드맵으로 정리하면 연소 반응, 앙금

생성 반응, 질량 보존의 법칙, 기체 반응의 법칙 등을 체계적으로 정리할 수 있습니다. 또한 그림과 그래프 활용하면 복잡한 개념이 훨씬 이해하기 쉬워집니다. 생명과학에서 세포 구조를 그림으로 그리고 각 부분의 기능을 적어보세요.

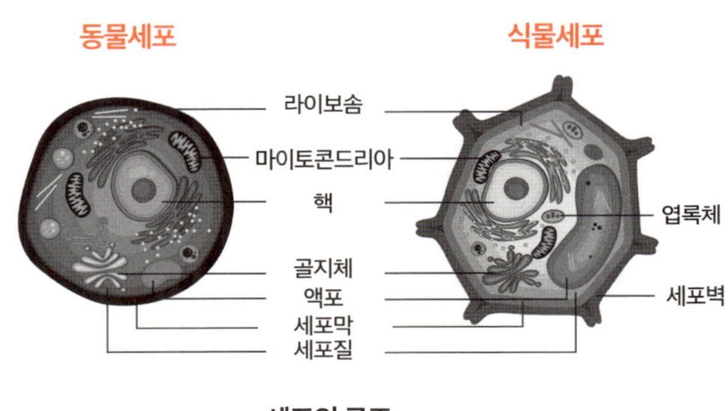

세포의 구조

3단계: 재구성과 반복 학습 하기

배운 내용을 스스로 요약하고 재구성하는 과정은 학습 효과를 극대화합니다. 먼저, 질문을 활용한 복습 방법이 있는데, 스스로에게 질문을 던지며 개념을 정리하는 것입니다. 예를 들어, "왜 힘에서 방향이 중요하게 표현될까?", "광합성에서 가장 중요한 요소는 무엇일까?" 같은 질문은 학습의 깊이를 더합니다. 또 플래시카드로 개념을 복습하는 방법이 있는데, 한쪽에는 개념 정의, 다른 쪽에는 예시나 응용 문제를 적어 짧은 시간 안에 반복 학습이 가능하도록 하는 것입니다.

효과적인 과학 노트 작성법

1) 핵심만 담기

노트에 모든 내용을 적는 것은 오히려 학습에 방해가 될 수 있습니다. 수업이나 교과서를 통해 얻은 정보 중 가장 중요한 개념, 공식, 그래프를 간략히 정리하세요. 예를 들어, '세 줄 요약법'은 각 개념을 3줄 이내로 요약해 보는 방법으로, 이는 내용을 간결히 정리하며 이해를 도와줍니다. 컬러와 기호를 활용하면 더 효과적인데, 중요한 개념은 컬러로 강조하거나 별표나 밑줄을 활용해 시각적으로 구분합니다.

2) 나만의 언어로 정리하기

과학 용어는 종종 어려운 경우가 많습니다. 교과서의 문장을 그대로 외우기보다는 나만의 언어로 개념을 설명하고 정리하세요. 예를 들어, "마찰력은 물체의 움직임을 방해하는 힘이다"라는 문장을 "표면이 거칠면 미끄러지기 어렵게 하는 힘"으로 바꿔 적는 식입니다.

3) 실험과 연결하기

노트에 단순히 이론만 적는 대신 실험과 결과를 연결해 보세요. 예를 들어, 물리의 운동 법칙을 배운 뒤 실제 실험에서의 데이터를 함께 정리하면 개념이 더 명확히 이해됩니다.

실생활과 연결하며 응용하기

과학 개념은 실생활과 연결할 때 학습 효과가 더 커집니다. 새로 배운 개념을 현실에서 적용하는 활동을 해보세요. 예를 들어, 일상 속 예시를 활용하는 방법으로, 중력의 개념을 배운 후 "왜 높은 곳에서 떨어지는 물체는 더 빠르게 가속될까?"를 현실에서 관찰해 보세요. 또한 질문으로 확장하는 방법으로, "물 속에서 풍선을 불면 왜 더 작게 보일까?" 같은 질문은 빛의 성질과 기체의 압력 개념을 응용할 기회를 제공해 줍니다.

효과적으로 정리된 과학 개념은 단순히 학습 성과를 넘어서 문제해결 능력과 창의적 사고를 키우는 데도 다음과 같이 기여합니다.

첫째, 잘 정리된 개념은 시험이 끝난 후에도 오랫동안 기억됩니다.

둘째, 문제 풀이 능력이 향상됩니다. 개념 간의 관계를 이해한 학생은 문제에서 핵심 개념을 빠르게 식별하고 적용할 수 있습니다.

셋째, 학습 동기를 부여합니다. 체계적으로 정리된 노트를 보면 자신감과 성취감이 생깁니다.

과학 개념을 정리하는 것은 단순히 교과서를 읽고 암기하는 것을 넘어 스스로 지식을 체계적으로 쌓아가는 과정입니다. 핵심을 파악하고, 시각화를 활용하며, 반복적으로 복습하는 습관을 통해 학생들은 과학을 더 쉽게, 더 오래 기억할 수 있게 됩니다. 이러한 과정은 단순한 성적 향상을 넘어서 학생들에게 과학을 사랑하게 만드는 중요한 첫걸음이 될 것입니다.

과학 개념을
오래 기억하는 법

: 연결된 지식은 쉽게 사라지지 않는다

"과학은 너무 어렵고, 배운 것도 금방 잊어버려요."

학생과 학부모 모두 과학을 공부하며 가장 많이 하는 고민입니다. 개념은 복잡하고 공식은 이해하기도 전에 외워야 할 것들이 산더미처럼 느껴집니다. 문제는 과학을 단순히 외워야 하는 암기 과목으로 생각할 때 발생합니다. 과학은 단순한 기억 이상의 학문입니다. 이해하고 활용하며 반복적으로 연습할 때 오래 기억될 수 있는 도구입니다.

한 번 배운 내용을 오래 기억하려면 먼저 학습 방법을 점검해야 합니다. 대부분의 학생들이 과학 개념을 암기하려고만 하다 보니 개념이 머릿속에 쌓이지 않고 흩어집니다. 이 과정에서 가장 중요한 것은 개념의 맥락을 이해하는 것입니다. 예를 들어, 열에너지를 배우며 단순히 "고

온에서 저온으로 에너지가 이동한다"라는 정의를 외우기보다는 "겨울에 따뜻한 물컵이 왜 식을까?" 같은 일상적인 상황에 연결하면 이해가 훨씬 쉬워집니다. 학생들은 익숙한 경험에서 출발하면 추상적인 개념도 현실적으로 다가옵니다.

과학 개념은 자연스럽게 반복되는 학습 환경 속에서 강화됩니다. 하지만 '반복'이라는 단어가 지루하게 느껴질 수도 있습니다. 이때 간단한 도구와 전략을 활용하면 반복 학습도 효과적이고 재미있어질 수 있습니다. 플래시카드를 만들어 개념을 정리하고 "이 개념이 시험에 어떻게 나올까?"를 스스로 질문하며 연습하세요. 매일 10분씩 짧게 복습하거나 친구들과 함께 퀴즈를 만들어 서로 질문을 주고받는 것도 좋은 방법입니다. 반복은 단순히 같은 내용을 계속 읽는 것이 아니라, 배운 내용을 다양한 방식으로 다시 접하는 과정이어야 합니다.

시각적 도구를 활용하는 것도 좋은 방법입니다. 과학은 숫자와 공식을 다루는 학문으로 보이지만, 사실은 시각화가 매우 중요한 분야입니다. 물리에서 '힘'의 개념을 배울 때 텍스트로 설명을 읽는 대신 힘의 표현과 개념을 화살표로 그려 방향과 크기를 시각적으로 표현하면 이해와 기억이 동시에 깊어집니다.

또한 과학은 문제를 해결하는 학문이라는 점을 잊지 말아야 합니다. 학생들이 흥미를 느끼고 기억할 수 있도록 배운 개념을 실제 상황에 적용할 기회를 갖는 것도 좋은 방법입니다. 예를 들어, 공기의 저항을 배울 때 학생들에게 "왜 자전거를 천천히 탈 때는 바람이 덜 느껴지고, 빠르게 달릴수록 바람이 세게 느껴질까?"라고 물어보는 겁니다. 학생들이 직접 느끼고 관찰한 현상과 연결하면 개념은 더 오래 머릿속에 남습니다.

감정적인 연결도 기억을 강화합니다. 과학을 배우는 과정이 흥미롭고 의미 있게 느껴질 때 그 경험 자체가 학생들에게 긍정적인 기억으로 남습니다. 뉴턴이 사과가 떨어지는 것을 보고 중력을 떠올렸다는 이야기를 들려주는 것처럼, 과학적 개념에 인간적인 이야기를 더하면 학생들은 그 개념을 더 오래 기억하게 됩니다. 또한 실험을 통해 스스로 결과를 확인할 때 느끼는 성취감은 학습 동기를 높이고, 과학 개념을 단순히 머리로 이해하는 것을 넘어 가슴으로 받아들이게 만듭니다.

과학 개념을 오래 기억하는 데 중요한 또 하나의 요소는 스스로 배우고 가르치는 경험입니다. 자신이 배운 내용을 친구나 가족에게 설명하거나 스스로 퀴즈를 만들어 풀어보는 과정에서 개념은 더 깊이 자리 잡습니다. 학생들에게 "이 개념을 어떻게 쉽게 설명할까?"라고 질문을 던지면 그들은 단순히 암기한 내용을 넘어 개념의 본질을 고민하게 됩니다. 이런 과정은 학습 효과를 배가시키고 스스로 학습하는 힘을 길러줍니다.

결국 과학 개념을 오래 기억하려면 외우는 것을 넘어서 이해하고 체계적으로 정리하며 반복 학습을 통해 강화해야 합니다. 실생활과 연결된 경험과 시각적 도구, 감정적인 스토리를 통해 학습은 더욱 재미있고 의미 있는 과정으로 변할 수 있습니다. 학생들이 과학을 단순히 시험을 위한 과목으로 보지 않고 세상을 이해하고 해결하는 도구로 받아들일 때 배운 지식은 오래도록 기억 속에 남아 있을 것입니다.

개념과 문제 풀이로
이어지는 사고 훈련

: 융합 문제의 출발점

"개념은 분명히 배웠는데, 문제를 풀 때는 어떻게 적용해야 할지 모르겠어요."

많은 학생들이 과학 공부를 하며 느끼는 공통적인 고민입니다. 수업 시간에 개념과 공식을 배우고 암기했지만 문제 풀이 과정에서는 어떻게 활용해야 할지 막막해지는 경험은 흔합니다. 이는 단순히 개념을 이해하는 것과 문제를 해결하는 사고력 사이에 간극이 있기 때문입니다. 이 간극을 메우기 위해 필요한 것은 개념과 문제를 연결하는 의식적인 사고 훈련입니다.

과학 문제를 접했을 때 가장 먼저 필요한 것은 문제를 정확히 분석하고 어떤 개념이 필요한지 찾아내는 것입니다. 그러나 많은 학생들이 문제를 읽자마자 계산부터 시작하거나 답을 찾으려는 시도를 합니다. 이 과정에서 문제의 본질을 놓치고 풀이 방향을 잃는 경우가 많습니다. 문제를 읽고 나서 "이 문제에서 다루는 과학적 현상은 무엇인가?", "어떤 조건이 주어졌고, 이를 해결하기 위해 어떤 개념이 필요할까?"와 같은 질문을 스스로 던지는 습관을 길러야 합니다. 이런 질문은 문제 풀이의 핵심을 짚어내고 개념을 활용할 수 있는 기회를 제공합니다.

예를 들어, 물리에서 등가속도를 구하는 문제를 살펴보면 단순히 공식을 떠올리는 것만으로는 부족합니다. 문제의 조건에 따라 거리, 속력, 속력 변화와 시간 간격을 이해하고, 이들이 어떻게 연결되는지 생각해야 합니다. 특히 운동 부분에서는 그래프를 해석하는 것이 중요합니다. 이를 통해 단순 암기를 넘어 문제 풀이 상황에서 개념을 재구성하는 사고력을 키울 수 있습니다.

이 과정에서 반복 학습은 중요한 역할을 합니다. 하지만 단순히 문제를 많이 푸는 것으로는 사고력을 키울 수 없습니다. 문제 풀이 방식에 다양성을 더하고 한 문제를 여러 관점에서 접근하는 훈련이 필요합니다. 예를 들어, 동일한 문제를 풀 때 공식을 사용한 풀이, 그래프를 활용한 분석, 상황을 그림으로 표현하는 방식 등 여러 방법을 시도하면 개념이 더 유연하게 적용됩니다. 문제를 푼 뒤 풀이 과정을 되짚어 보며 "이 공식이 이 상황에 왜 적합했을까?"와 같은 질문을 던져보는 것도 효과적입니다.

시각화는 문제 풀이와 개념 이해를 연결하는 또 하나의 강력한 도구입니다. 과학 문제는 종종 텍스트로만 표현되어 어려워 보일 수 있습니다. 그러나 문제를 그림이나 다이어그램으로 나타내면 상황이 명확히 보입니다. 물리 문제에서는 그래프 문제가 자주 나오는데, 그래프 해석을 통해 일상과 연결시키면 훨씬 수월하게 내용을 이해할 수 있습니다. 화학에서는 분자 구조를 시각적으로 표현하며, 생명과학에서는 세포 구조나 과정의 흐름을 그림으로 나타낼 수 있습니다. 이러한 시각화는 문제의 본질을 더 잘 이해하도록 돕고 풀이 과정에서 실수를 줄여 줍니다.

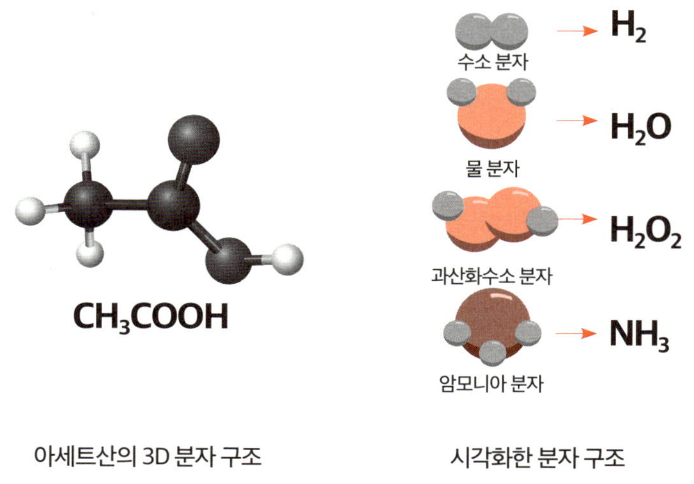

아세트산의 3D 분자 구조   시각화한 분자 구조

실생활과 연결하는 것도 문제 풀이 사고력을 키우는 데 중요한 방법입니다. 학생들이 매일 경험하는 현상과 과학 개념을 연결하면 학습 내

용은 더 이상 추상적이지 않고 실질적으로 느껴집니다. 예를 들어, 열전도를 배울 때 "금속 숟가락과 나무 숟가락 중 뜨거운 물에 넣었을 때 어떤 차이가 생길까?"와 같은 질문을 던져보세요. 이 질문은 단순히 교과서에 나온 정의를 외우는 대신 학생들이 실생활 속에서 과학 개념을 체험하고 기억하도록 돕습니다. 중력 가속도를 배우는 과정에서도 높은 곳에서 떨어지는 물체의 속도가 점점 빨라지는 현상을 직접 관찰하거나 실험을 통해 확인하면 문제 풀이 과정에서 개념이 자연스럽게 떠오르게 됩니다.

문제를 푼 뒤 오답을 활용하는 것도 사고력을 키우는 좋은 방법입니다. 잘못된 풀이 과정을 분석하며 "왜 이 공식을 사용했을까?", "어떤 조건을 놓쳤을까?"를 고민하면 문제 풀이 사고력은 한층 더 성장합니다. 단순히 정답을 확인하는 것을 넘어, 스스로 문제를 해결하는 과정에서 배운 점을 정리하고 기록하면 다음 학습에 큰 도움이 됩니다. 이러한 오답 노트는 학생들이 자신의 풀이 과정을 돌아보고 문제 풀이 능력을 점진적으로 개선할 수 있도록 돕습니다.

개념과 문제 풀이를 연결하는 사고 훈련은 단기간에 이루어지지 않습니다. 꾸준한 연습과 지속적인 피드백을 통해 사고력을 키워야 합니다. 너무 어려운 문제를 반복하다 보면 오히려 학습 의욕이 저하될 수 있으므로, 적절한 난이도의 문제를 통해 작은 성공 경험을 쌓아가며 자신감을 높이는 것이 중요합니다. 학습 과정에서 "이 문제를 어떻게 풀지 모르겠어"라는 말을 자주 하는 학생에게는 "쉬운 문제부터 시작해 보자"라며 격려해 주세요. 문제 풀이에 대한 두려움이 줄어들수록 사고 훈련은 자연스럽게 이루어질 것입니다.

개념과 문제 풀이를 연결하는 사고 훈련은 과학 학습에서 핵심적인 과정입니다. 문제를 분석하고 필요한 개념을 찾아 적용하는 능력은 단순히 시험 성적을 높이는 것을 넘어서 학생들에게 과학적 사고력을 심어줍니다. 문제 풀이가 단순한 연습이 아니라 세상을 이해하는 도구로 자리 잡을 때, 과학 공부는 더 이상 부담이 아니라 흥미롭고 의미 있는 여정이 될 것입니다.

4장
과학의 문제 풀이, 전략이 답이다

: 융합형 문항에 대응하는 사고 과정

문제 풀이, 복습, 그리고 사고력의 시작

: 문제를 통해 개념을 복습하고 점검한다

    과학 문제를 푸는 것은 단순히 정답을 맞히는 과정이 아닙니다. 문제를 푸는 과정은 내가 배운 내용을 다시 확인하고 부족한 부분을 찾아 보완하는 중요한 학습의 순간입니다. 과학 공부는 교과서나 강의로만 끝나는 것이 아니라, 문제 풀이를 통해 학습한 내용을 적용하고 실력을 다지는 과정에서 진정으로 완성됩니다. 따라서 문제 풀이를 정답 찾기 이상의 학습 기회로 활용하는 것이 중요합니다.

    문제를 푸는 가장 기본적인 접근법은 문제를 통해 내가 알고 있는 개념을 복습하고 점검하는 것입니다. 예를 들어, "광합성에 영향을 미치지 않는 요인을 고르시오"라는 문제가 주어진다면, 문제를 바로 풀기보다 먼저 광합성에 필요한 조건(빛, 물, 이산화탄소)을 떠올려 보거나 간단히 적어보는 것이 좋습니다. 이 과정은 문제 풀이를 복습으로 연결하고 내가 모르는 개념을 자연스럽게 찾아내는 첫걸음이 됩니다.

문제 풀이를 통해 복습을 효과적으로 하는 습관은 간단하지만 강력합니다. 문제를 풀기 전에 문제 속에서 요구하는 개념과 관련된 배경지식을 떠올리거나 정리하세요. 이렇게 하면 문제를 풀면서도 배운 내용을 다시 복습할 수 있고, 부족한 부분을 찾아내 보완할 수 있습니다. 틀린 문제는 복습의 보물이 됩니다. 틀린 이유를 분석하고 관련 개념을 다시 확인하며 학습의 기회로 삼아야 합니다.

유형별 문제 풀이 전략

문제 풀이를 복습의 기회로 활용하려면 문제 유형에 따른 접근법을 아는 것이 중요합니다. 과학 문제는 객관식, 서술형, 계산형, 실험 분석형으로 나눌 수 있으며, 각 유형에 따라 요구되는 사고 과정과 풀이 전략이 다릅니다.

유형별 문제 풀이 전략과 주의사항

문제 유형	핵심 전략	주의 사항
객관식 문제	오답 소거법, 핵심 조건 표지	"~아닌 것", "모두 고르시오" 주의
서술형 문제	핵심 → 이유 → 결론 구조화	교과서 용어 정확히 사용
계산형 문제	단계별 풀이, 단위 확인	공식 정확히 적용, 계산 실수 방지
실험 분석형 문제	그래프 축/단위 먼저 확인	변화 패턴 파악, 결론 도출

1) 객관식 문제: 정확하고 신속하게

객관식 문제는 빠르게 정답을 골라야 하지만, 조건을 놓치면 실수하기 쉽습니다. 문제를 읽고 핵심 표현에 주목하세요. 예를 들어, '영향을 미치지 않는 요인'과 같은 조건은 놓치기 쉽기 때문에 강조해서 읽어야 합니다. 선택지 하나하나를 분석하며 확실히 틀린 답부터 제거하세요. 문제를 푸는 과정에서 복습을 활용해 선택지와 개념을 연결합니다.

2) 서술형 문제: 논리적 표현과 구조화

서술형 문제는 답뿐 아니라 과정을 논리적으로 설명해야 합니다. 답안을 핵심, 이유와 과정, 결론의 순서로 작성해 논리적 구조를 만드세요. 교과서 용어를 적극적으로 활용해 정확한 표현을 사용하세요.

3) 계산형 문제: 단계별로 접근

계산형 문제는 데이터를 정리하고 공식을 적용하며 풀이 과정을 단계적으로 나누는 것이 중요합니다. 문제에서 필요한 공식과 주어진 데이터를 명확히 정리하세요. 풀이 과정을 나누어 적고, 마지막에 단위를 확인해 실수를 줄입니다.

4) 실험 분석형 문제: 데이터를 읽고 해석하기

실험 분석형 문제는 표나 그래프를 읽고 이를 통해 결론을 도출해야 합니다. 그래프의 축 이름과 단위를 먼저 확인하고 데이터의 변화를 관찰하세요. 실험 결과를 통해 문제에서 요구하는 결론을 구체적으로 설명합니다.

과학 문제 풀이의 핵심은 문제를 통해 배운 내용을 점검하고 이를 실제 상황에 적용하며 사고력을 확장하는 것입니다. 단순히 정답을 찾는 것을 넘어 문제 풀이를 복습과 학습의 기회로 삼으세요. 객관식, 서술형, 계산형, 실험 분석형 문제를 푸는 과정에서 이러한 접근을 적용한다면 문제 풀이가 단순한 연습을 넘어 흥미롭고 의미 있는 학습의 여정으로 다가올 것입니다.

계산형 문제 vs. 서술형 문제, 각각 다르게 접근하기

: 요구하는 사고력과 접근 방식은 어떻게 다른가?

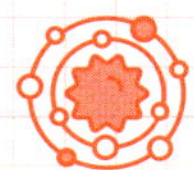

과학 공부에서 계산형 문제와 서술형 문제는 서로 다른 사고력과 접근 방식을 요구합니다. 이 두 유형의 문제는 공부한 내용을 이해하고, 적용하는 방식을 다르게 훈련하며, 각각의 특징과 해결 전략을 명확히 이해하면 과학 학습에 큰 도움이 됩니다.

계산형 문제: 정확성과 단계적 접근

계산형 문제는 주로 주어진 데이터를 활용해 특정 결과를 도출하는 것이 목표입니다. 공식과 데이터를 정확히 이해하고 적용해야 하며, 풀이 과정에서 실수를 줄이는 것이 중요합니다. 계산형 문제의 특징은 다음과 같습니다.

· **정확성을 요구합니다.**

문제에서 주어진 데이터를 명확히 분석하고 적절한 공식을 사용해야 합니다.

· **단계적으로 풀이합니다.**

복잡한 계산 과정을 한 번에 끝내기보다 작은 단계로 나누어 진행합니다.

· **단위를 확인합니다.**

계산 결과의 단위가 적절한지 반드시 점검해야 합니다.

계산형 문제 예시

문제:
10초 동안 100m를 이동한 물체의 속력을 구하시오.

풀이:
· 속력 공식을 떠올립니다.   속력 = 거리 ÷ 시간
· 데이터를 정리합니다.   거리 = 100m, 시간 = 10초
· 공식을 적용해 계산합니다.   속력 = 100 ÷ 10 = 10m/s
· 최종 답에 단위를 확인하여 10m/s로 마무리합니다.

계산형 문제는 정확한 풀이 과정을 요구하며 실수는 결과에 직접적인 영향을 미치기 때문에 꼼꼼한 접근이 필요합니다.

서술형 문제: 논리성과 개념의 연결

서술형 문제는 단순히 정답을 제시하는 것을 넘어 풀이 과정과 이유를 논리적으로 설명해야 합니다. 개념을 정확히 이해하고 이를 적절한

어휘로 표현하는 능력이 중요합니다. 서술형 문제의 특징은 다음과 같습니다.

- **논리적 구성이 요구됩니다.**

  답안을 다음과 같은 사항을 포함하여 명확한 구조로 작성해야 합니다.

  - **핵심 답변**: 문제의 요구에 대한 직접적인 답이 필요합니다.

  - **이유 설명**: 답을 도출한 과정과 개념을 구체적으로 서술합니다.

  - **결론 강조**: 답을 다시 요약하거나 결과를 정리합니다.

- **개념 이해가 강조됩니다.**

  공식이나 정의를 외우는 것만으로는 부족하며, 문제 상황과 연결된 개념을 이해해야 합니다.

- **표현력이 필요합니다.**

  교과서적 용어를 사용해 정확히 표현하는 것이 중요합니다.

서술형 문제 예시

문제:
물이 얼 때 부피가 증가하는 이유를 설명하시오.

풀이:
- 물 분자가 고체 상태에서 육각형 구조를 형성하며 분자 사이에 빈 공간이 생긴다는 개념을 떠올립니다.
- 이 구조가 부피를 증가시키며, 물이 고체 상태일 때 밀도가 낮아지는 현상을 설명합니다.
- 결론적으로, 물이 얼 때 부피가 증가한다는 점을 논리적으로 정리합니다.

서술형 문제는 답을 도출하는 과정에서 논리성과 표현력을 요구하며 개념과 문제 상황을 연결하는 사고력이 필요합니다.

계산형 문제와 서술형 문제는 각각 다른 사고력을 훈련하지만, 두 유형을 함께 연습하면 학습 효과가 극대화됩니다. 계산 문제를 통해 공식과 데이터를 다루는 능력을 키우고 이를 서술형 문제 풀이에 연결하면 개념을 더 깊이 이해할 수 있습니다. 예를 들어, "속력을 구하라"라는 계산 문제를 푼 뒤, "속력이 빠를수록 운동 에너지가 어떻게 변화하는지 설명하시오" 같은 서술형 문제로 확장해 사고력을 훈련할 수 있습니다. 계산형 문제의 정확성과 서술형 문제의 논리적 사고를 함께 익히면 과학 공부에서의 응용력과 사고력이 크게 향상될 것입니다.

계산형 문제 vs. 서술형 문제 비교

구분	계산형 문제	서술형 문제
목표	정확한 수치 도출	논리적 설명과 개념 연결
핵심 요소	공식, 데이터, 단위	개념 이해, 표현력
접근법	단계별 계산	구조화된 답안 작성
실수 포인트	단위 누락, 계산 오류	핵심 개념 누락, 논리 비약

시험 대비를 위한 기출문제 활용법

: 문제 유형이 아니라 사고 구조를 본다

기출문제는 과학 공부에서 가장 효과적인 학습 도구 중 하나입니다. 시험을 준비하는 과정에서 단순히 문제를 푸는 연습을 넘어, 핵심 개념을 복습하고 시험의 출제 경향을 파악하며 실수를 줄이는 전략을 배우는 기회로 삼아야 합니다. 특히 대한민국의 초등학생과 중학생, 그리고 학부모들은 시험 대비에서 기출문제를 매우 중요한 자원으로 활용하고 있습니다. 그렇다면 기출문제를 단순한 반복 훈련이 아닌 효율적인 학습 도구로 사용하는 방법을 구체적으로 살펴보겠습니다.

기출문제를 통해 출제 경향을 읽어라

기출문제는 과거 시험에서 출제된 문제들로 시험의 출제 경향을 보여줍니다. 예를 들어, '중학교 과학 시험에서 광합성과 관련된 문제가 매년 출제된다'는 사실을 알게 된다면 광합성의 핵심 개념과 관련된 문제 풀이에 더욱 집중할 수 있습니다. 한 학생은 광합성과 관련된 기출문제를 3년 치 모아 풀어본 뒤 시험에서 '광합성량을 결정하는 요인'과 관련된 문제를 정확히 풀 수 있었다고 합니다. 이는 기출문제가 단순히 문제 풀이 연습을 넘어 시험 준비의 방향성을 잡아주는 데 중요한 역할을 한다는 것을 보여줍니다.

기출문제를 실전처럼 풀어라

기출문제는 실전처럼 연습해야 그 효과가 극대화됩니다. 문제를 풀기 전 시험과 동일한 환경을 조성하는 것이 중요합니다. 시간 제한을 설정하고, 주변의 방해 요소를 최소화하며, 한 번에 풀어보는 연습을 권장합니다. 예를 들어, 한 중학생은 기출문제를 시간 제한 없이 풀다 보니 시험에서는 시간이 부족해 문제를 끝까지 읽지 못해 실수했다는 경험을 이야기했습니다. 이후 그는 타이머를 설정해 기출문제를 풀며 시험 시간을 관리하는 연습을 했고, 이후 실전에서 훨씬 안정적인 결과를 얻을 수 있었습니다.

기출문제를 풀 때는 틀린 문제에만 집중하지 말고 맞은 문제도 왜 맞았는지 점검하는 과정이 필요합니다. 이렇게 하면 문제 풀이에 대한 자신감이 생기고, 내가 알고 있는 내용을 확실히 다질 수 있습니다.

기출문제를 통해 약점을 찾아라

기출문제를 활용하는 가장 큰 장점 중 하나는 내가 약한 부분을 쉽게 찾아낼 수 있다는 점입니다. 예를 들어, 한 초등학생은 '소화 과정에서 각 기관의 역할'에 대한 문제를 계속 틀렸습니다. 문제를 분석한 결과 그는 소화 기관의 순서와 역할을 암기했지만, 이를 응용하는 문제에는 취약하다는 것을 깨달았습니다. 이후 교과서를 다시 정독하며 소화 과정의 원리를 이해하려고 노력했고, 비슷한 문제가 출제되었을 때 정확히 답할 수 있었습니다.

틀린 문제를 분석하는 과정은 학습의 핵심입니다. 단순히 정답을 확인하는 데 그치지 말고, 왜 틀렸는지 어떤 개념이 부족했는지를 파악하세요. 틀린 문제와 관련된 개념을 교과서나 참고서에서 다시 확인하고 이해하지 못한 부분을 정리하면 실수를 줄일 수 있습니다.

반복과 복습이 중요하다

기출문제는 한 번 푼 것으로 끝내지 말고 주기적으로 반복하며 복습하는 것이 중요합니다. 학생들은 종종 "이미 풀어본 문제인데 또 봐야 하나요?"라고 묻습니다. 하지만 시험 직전에 기출문제를 다시 풀어보는 과정은 시험에서 틀릴 가능성을 줄이는 데 큰 도움을 줍니다. 특히 오답 노트를 만들어 틀린 문제와 관련된 개념을 함께 기록해 두면 시험 직전 복습할 때 매우 유용합니다.

한 학부모는 기출문제를 활용한 복습 전략으로 자녀의 성적을 크게 향상시켰던 경험을 알려주었습니다. "딸아이는 처음에는 기출문제를 풀고 끝내려고 했어요. 하지만 선생님의 조언을 듣고 오답 노트를 만들어 복습하도록 격려했더니 틀렸던 문제와 관련된 개념을 확실히 이해하기 시작했고, 이후 시험에서 더 나은 결과를 얻었어요."

기출문제를 변형해 응용력을 키워라

기출문제를 푸는 것만으로는 부족합니다. 같은 유형의 문제가 조금 변형되어 출제될 경우 응용력이 부족한 학생은 당황할 수 있습니다. 예를 들어, 한 학생은 "물리적 변화와 화학적 변화의 차이를 설명하시오"라는 문제는 정확히 풀었지만, "달걀이 익는 과정을 물리적 변화와 화학적 변화로 나눠 설명하시오"라는 문제에서는 답을 제대로 쓰지 못했습니다. 이는 기출문제를 풀 때 단순히 문제를 푸는 것에 그치지 말고, 문제를 변형해 스스로 새로운 문제를 만들어 보며 응용력을 키우는 연습이 필요하다는 것을 보여줍니다.

기출문제는 시험 대비에서 가장 신뢰할 수 있는 도구입니다. 이를 효과적으로 활용하려면 단순히 문제를 풀고 끝내는 것이 아니라 문제를 복습과 점검의 기회로 삼아야 합니다. 틀린 문제를 통해 약점을 보완하고, 반복적으로 풀며 개념을 다지고, 문제를 변형해 응용력을 키우면 시험장에서 훨씬 자신감 있게 문제를 해결할 수 있습니다. 학생들이 기출문제를 활용하며 학습의 방향성을 잡아간다면 과학 공부는 더 이상 어렵고 막연한 도전이 아니라, 체계적이고 효율적인 여정으로 변할 것입니다.

시간 관리와 효율적인 문제 풀이 전략

: 생각의 순서를 정리하는 연습

시험장에서 가장 흔히 들리는 학생들의 이야기는 "시간이 부족해서 문제를 다 풀지 못했어요"라는 말입니다. 충분히 공부하고 준비했음에도 불구하고 시간 부족으로 실력을 제대로 발휘하지 못하는 경우가 많습니다. 이는 단순히 공부량이나 실력의 문제가 아니라 시간 관리와 문제 풀이 전략의 부족에서 비롯됩니다. 시험은 배운 내용을 평가하는 과정인 동시에, 주어진 시간 안에 효율적으로 문제를 해결해야 하는 도전이기도 합니다. 따라서 시간 관리와 효율적인 문제 풀이 방법을 배우고 연습하는 것은 시험 성적뿐만 아니라 학습 습관 전반에 긍정적인 영향을 미칩니다.

시간 관리는 시험 시작 전부터 시작됩니다. 시험지를 받으면 가장 먼

저 해야 할 일은 전체 문제를 훑어보는 것입니다. 이 과정을 통해 문제의 난이도를 파악하고 쉬운 문제와 어려운 문제를 구분하여 풀어야 할 순서를 정할 수 있습니다. 예를 들어, 객관식 문제는 비교적 짧은 시간 안에 답을 낼 수 있으므로 시험 초반에 해결하며 자신감을 얻는 것이 좋습니다. 반면 서술형 문제는 풀이 과정과 답안을 논리적으로 작성해야 하므로 더 많은 시간이 필요합니다. 따라서 서술형 문제는 시간을 충분히 남겨둔 상태에서 시작해야 합니다. 한 중학생은 쉬운 문제와 어려운 문제를 구분하는 연습을 통해 시험장에서 훨씬 더 여유롭게 문제를 해결할 수 있었다고 이야기했습니다. 이러한 간단한 전략 하나만으로도 성적이 향상되는 경험을 할 수 있습니다.

시간 관리는 단순히 문제를 푸는 순서를 정하는 데 그치지 않습니다. 각 문제에 적절한 시간을 할당하는 것도 중요합니다. 예를 들어, 시험 시간이 60분이고 문제가 20개라면 한 문제당 평균적으로 3분을 사용할 수 있습니다. 그러나 모든 문제에 똑같이 시간을 투자하는 것은 효과적이지 않습니다. 객관식 문제는 보통 1~2분 안에 해결하고, 계산형 문제나 서술형 문제에는 더 많은 시간을 배정하는 것이 이상적입니다. 한 초등학생은 모의시험에서 이 전략을 연습하며 시험 시간 내에 모든 문제를 해결할 수 있다는 자신감을 얻었습니다. 시험 시간은 제한적이지만 이를 잘 활용하면 충분히 원하는 결과를 얻을 수 있습니다.

시험장에서 시간을 효율적으로 관리하기 위해서는 실전 같은 연습이 필요합니다. 평소 공부할 때 타이머를 설정하고 시간 제한을 두고 문제를 푸는 연습을 하면 시험장에서 시간 감각을 키우는 데 큰 도움이 됩니다.『어떻게 공부할 것인가(Make It Stick)』의 저자들은 학습과 시험 대비에서 문제를 푸는 동시에 배운 내용을 복습하고 풀이 과정을 점검하는 습관이 중요하다고 강조합니다. 이는 단순히 문제를 푸는 연습이 아니라, 문제를 통해 스스로의 약점을 발견하고 이를 보완하는 과정이 시험 성적 향상에 가장 큰 영향을 미친다는 연구 결과와도 일치합니다.

검토 시간을 확보하는 것은 시간 관리의 핵심입니다. 시험 중 마지막 5~10분은 반드시 검토 시간으로 남겨두어야 합니다. 문제 풀이 과정에서 실수를 발견하고 수정하는 가장 확실한 방법은 검토이기 때문입니다. 계산 문제에서는 숫자와 단위를 다시 확인하고, 서술형 문제에서는 답안의 논리적 흐름과 핵심 개념이 누락되지 않았는지 점검해야 합니다. 한 초등학생은 서술형 문제를 검토하는 과정에서 중요한 이유 설명이 빠진 것을 발견하고 이를 보완해 시험에서 예상보다 높은 점수를 받을 수 있었습니다. 검토는 단순히 답을 다시 확인하는 것이 아니라, 풀이 과정을 꼼꼼히 점검하며 실수를 줄이고 답안을 보완하는 중요한 과정입니다.

시간 관리와 문제 풀이 전략은 평소 공부 습관에서도 반영될 수 있습니다. 기출문제를 활용해 실전 연습을 반복하는 것은 시험 대비에서 매우 효과적인 방법입니다. 기출문제를 풀면서 시간을 제한하고 각 문제 유형별로 얼마나 시간이 걸리는지 측정해 보세요. 이렇게 하면 내가 어떤 유형의 문제에서 가장 많은 시간을 소비하는지, 어디서 실수를 많이 하는지 알 수 있습니다. 한 중학생은 처음에는 계산 문제가 오래 걸리는 것을 발견했지만, 풀이 과정을 간소화하고 필요한 공식만 정확히 적용하는 연습을 통해 속도와 정확성을 모두 향상시킬 수 있었습니다. 이러한 연습은 시험장에서 시간을 더 효율적으로 사용할 수 있는 능력을 길러줍니다.

시험 시간 중 긴장을 완화하고 효율적으로 문제를 풀기 위해서는 쉬운 문제부터 시작하는 것이 좋습니다. 한 중학생은 어려운 문제에 집착하다가 쉬운 문제를 놓치는 실수를 반복했습니다. 이후 그는 시험지를 훑어본 뒤 자신 있는 문제부터 빠르게 해결하는 연습을 통해 시험 중 긴장감을 줄이고 어려운 문제에 집중할 시간을 확보할 수 있었습니다. 이러한 간단한 변화만으로도 시험 결과는 크게 달라질 수 있습니다.

시간 관리와 문제 풀이 전략은 단순히 시험장에서만 필요한 것이 아닙니다. 이는 학습 전반에서 적용될 수 있는 중요한 기술입니다. 평소 공부할 때 시간을 효율적으로 사용하는 습관을 들이면 시험에서의 성과도 자연스럽게 따라옵니다. 예를 들어, 하루 학습 시간을 정하고 그 안에서 기출문제를 푸는 데 일정 시간을 배정하며 연습하면 시간 활용 능력을 키울 수 있습니다. 이는 시험뿐만 아니라 학습 전체를 체계적으로 만들어 줍니다.

시간 관리와 효율적인 문제 풀이 전략은 시험장에서 실력을 최대한 발휘하기 위한 핵심 기술입니다. 부모님과 학생이 함께 시간을 관리하는 연습을 하고 문제를 푸는 습관을 꾸준히 개선한다면 과학 시험은 더 이상 두려움의 대상이 아니라 성취감을 느낄 수 있는 기회로 변할 것입니다. 충분한 연습과 계획을 통해 학생들은 제한된 시간 안에서도 실력을 완벽히 발휘할 수 있을 것입니다.

틀린 문제가
실력이 된다

: 개념 중심 오답 노트 활용법

"원장님, 저희 애는 맨날 같은 유형의 문제를 틀려요. 분명히 그 문제를 풀었는데 또 틀리고, 또 틀리고…." 상담하다 보면 이런 말들을 정말 많이 듣습니다. 부모님 입장에서는 답답하죠. 분명히 한 번 틀렸던 문제인데 왜 또 틀릴까? 공부를 안 하는 것도 아닌데. 그런데 솔직히 말하면 이건 아이 잘못이 아닙니다. 틀린 문제를 다루는 방법을 제대로 배운 적이 없으니까요.

중학교 3학년 민재(가명)는 '화학 반응의 규칙과 에너지 변화' 단원을 배우면서 질량 보존 법칙 문제를 유난히 많이 틀렸습니다. "반응 전후 질량의 총합은 같다"는 건 완벽하게 외우고 있었습니다. 그런데 시험만 보면 틀립니다. 어느 날 민재가 들고 온 시험지를 보았습니다. 시험 문제는 "탄산칼슘과 묽은 염산을 반응시켰더니 기체가 발생했다. 반응 전 물질의 총 질량이 50g이었다면 반응 후 질량은?"이었고, 민재는 "50g"이라고 썼습니다. 정답은 "50g보다 작다"였기 때문에 틀린 것입니다.

"민재야, 왜 50g이라고 썼어?"

"질량 보존 법칙이잖아요. 반응 전후 질량 같다고 했으니까…."

민재는 법칙 자체는 정확히 알고 있었습니다. 그런데 문제 조건을 놓친 겁니다. 열린 용기에서 기체가 발생하면 그 기체는 공기 중으로 날아가 버립니다. 질량 보존 법칙은 맞지만 측정되는 질량은 줄어든 거죠. 저는 민재에게 노트를 한 권 주면서 이렇게 말했습니다.

"앞으로 틀린 문제가 나오면 이 오답 노트에 딱 네 가지만 써. 첫째, 문제 그대로. 둘째, 네 풀이 그대로. 셋째, 왜 그렇게 생각했는지. 넷째, 뭘 놓쳤는지."

2주 뒤 민재가 노트를 가져왔는데, 스스로 발견한 게 있더군요.

"선생님, 저 질량 보존 법칙 문제에서 맨날 '열린 용기인지, 닫힌 용기인지' 확인 안 하고 풀었어요." 이걸 스스로 발견하고 나니까 달라졌습니다. 이후로 화학 반응 문제가 나오면 민재는 먼저 '열린 용기인지, 닫힌 용기인지' 체크하더군요. 민재는 결국 기말고사 화학 단원에서 만점을 받았습니다.

제가 학생들에게 알려주는 오답 노트 작성법은 다음과 같습니다.

1단계: 문제 그대로 옮기기

귀찮아도 문제를 직접 손으로 씁니다. 베끼는 과정에서 문제를 다시 한번 읽게 됩니다.

2단계: 처음 풀이 그대로 적기

틀린 풀이를 지우지 않고 그대로 씁니다. 창피해도 괜찮습니다. 이것이 나중에 자신의 실수 패턴을 찾는 데 가장 중요한 자료가 됩니다.

3단계: 왜 이렇게 풀었는지 적기

"왜 이렇게 생각했지?"를 스스로 물어보게 합니다. 대부분의 실수는 여기서 원인이 드러납니다. 조건을 안 읽었거나, 개념을 헷갈렸거나, 계산 실수를 했거나….

4단계: 올바른 풀이 적기

정답 풀이를 적되, 2단계와 비교해서 '어디가 달랐는지' 표시합니다.

5단계: 일주일 뒤 다시 풀기

같은 문제를 일주일 뒤에 다시 풀어봅니다. 이때도 틀리면 다시 1단계부터.

초등학교 6학년 수아(가명)도 비슷한 경험을 했습니다. 수아는 '산과 염기' 단원에서 지시약 색 변화 문제를 자주 틀렸어요. 리트머스 종이가 산성에서 어떻게 변하는지, 염기성에서 어떻게 변하는지 외우긴 했는

데, 문제만 보면 헷갈린다고 했습니다. 수아 어머니에게 오답 노트 작성법을 알려드렸더니 집에서 같이 해보았고, 수아가 쓴 '왜 이렇게 풀었는지'를 보고 놀랐다고 합니다.

수아는 개념 자체는 알고 있었습니다. 그런데 문제에서 "빨간색 리트머스 종이를 산성 용액에 넣으면?"이라고 물으면 헷갈렸던 것이지요. 이미 빨간색인데 빨간색으로 변할 수 없으니까 "변화 없음"이 답인 건데 그걸 생각하지 못했던 거죠. 이걸 스스로 분석하고 나니까 수아는 더 이상 그 유형에서 안 틀리더군요. '아, 원래 색이 뭔지 먼저 확인해야 하는구나!'를 깨달은 거니까요.

오답 노트의 진짜 가치는 '실수 패턴'을 발견하는 데 있습니다. 아이들마다 틀리는 패턴이 있습니다. 어떤 아이는 문제를 끝까지 안 읽고 풀기 시작하고, 어떤 아이는 계산에서 부호를 자주 틀립니다. 또 어떤 아이는 단위 환산을 까먹습니다. 이 패턴을 모르면 같은 실수를 평생 반복합니다. 그런데 오답 노트를 꾸준히 쓰다 보면 '나는 이런 유형에서 이런 식으로 틀리는구나!'가 보이기 시작합니다. 그게 보이는 순간부터 실수가 확 줄어듭니다.

학원에서 만난 중학교 1학년 지호(가명)는 오답 노트를 세 달 정도 쓰고 나서 이렇게 말했습니다. "원장님, 이제 시험 볼 때 제가 어디서 실수할지 알 것 같아요. 그래서 거기만 한 번 더 확인해요." 이것이 오답 노트의 진짜 효과입니다. 틀린 문제를 다시 푸는 게 아니라 자기 자신의 약점을 파악하는 것! 그래서 같은 실수를 미리 막을 수 있게 되는 것!

부모님들에게 한 가지 당부드리고 싶은 게 있습니다. 아이가 오답 노트 쓸 때 옆에서 "왜 이것도 틀렸어?"라고 하면 안 됩니다. 그러면 아이는 틀린 걸 숨기고 싶어집니다. 대신 "이번에 뭘 발견했어?"라고 물어봐주세요. 틀린 것 자체가 아니라 틀림에서 발견한 것에 집중하게 해주시는 거죠. 틀린 문제는 부끄러운 게 아닙니다. 내가 뭘 모르는지 알려주는 가장 정직한 선생님입니다. 그 선생님한테 제대로 배우는 법, 그게 오답 노트입니다.

융합형·서술형 문제, 개념 연결이 답이다

: 응용력과 융합 사고 훈련

"원장님, 개념은 다 아는데 문제가 안 풀려요."

이 말을 들을 때마다 저는 반문합니다. "정말 개념을 아는 걸까?"

대부분의 경우 아이들이 말하는 '개념을 안다'는 건 정의를 외웠다는 뜻입니다. 그런데 정의를 외우는 것과 문제에 적용하는 건 완전히 다른 능력입니다. 그 사이를 연결하는 것이 바로 '문제 속에서 개념을 찾는 훈련'입니다.

융합형 문제, 왜 어려울까?

요즘 시험은 예전과 다릅니다. 단원별로 딱 떨어지는 문제보다 여러 개념을 섞어서 출제하는 융합형 문제가 늘고 있습니다. 내신에서도, 수

능에서도 마찬가지입니다.

중학교 2학년 과학 시험에서 다음과 같은 문제가 나왔습니다.

"전기 회로에서 전구의 밝기가 달라지는 이유를 설명하고, 이를 일상 생활에서 전력 소비와 연결지어 서술하시오."

단순히 옴의 법칙(V=IR)을 외운 학생은 이 문제 앞에서 멈춥니다. 전압, 전류, 저항의 관계는 아는데, 그게 전력(P=VI)과 어떻게 연결되는지 그리고 집에서 쓰는 전기요금과 무슨 상관인지까지 연결해야 하니까요.

옴의 법칙과 전력, 전기요금?

융합형 문제가 어려운 이유는 간단합니다. 개념을 따로따로 알고 있기 때문입니다. 연결해 본 적이 없으니 시험장에서 갑자기 연결하라고 하면 막막한 겁니다.

실험 문제에서 개념 찾는 법

중학교 1학년 생명과학에서 '광합성과 호흡' 단원을 배우는 시기였습니다. 지원이(가명)는 광합성에 필요한 조건을 완벽하게 외우고 있었습니다. 빛, 물, 이산화탄소. 줄줄 말합니다. 그런데 시험에서 다음과 같은 문제가 나왔습니다.

"검정말을 2개의 시험관에 넣고 하나는 빛을 비추고 하나는 어두운 곳에 두었다. 이 실험으로 알 수 있는 것은?"

지원이는 "광합성에는 빛, 물, 이산화탄소가 필요하다"라고 썼습니다. 틀렸습니다.

"지원아, 이 실험에서 다르게 한 조건이 뭐야?"

"빛이요."

"그래. 그럼 이 실험으로 확인할 수 있는 건 뭘까?"

"…아, 빛이 필요하다는 거요?"

"맞아. 물이나 이산화탄소는 이 실험에서 확인할 수 없어. 왜냐면 두 시험관 다 똑같이 들어 있으니까."

지원이가 개념을 몰랐던 게 아닙니다. 실험 설계와 개념을 연결하는 훈련이 안 되어 있었던 겁니다.

실험 문제를 읽을 때는 다음과 같이 접근하세요.

1단계: "뭘 다르게 했지?" → 실험에서 조건을 다르게 한 부분을 찾습니다.

2단계: "나머지는 똑같나?" → 다른 조건들은 동일하게 유지했는지 확인합니다.

3단계: "그럼 이 실험은 뭘 확인하려는 거지?" → 다르게 한 조건이 결과에 어떤 영향을 미치는지를 알아보는 실험입니다.

지원이는 이 세 단계를 연습한 뒤로 실험 문제에서 실수가 확 줄었습니다. "아, 이건 빛만 다르게 했으니까 빛의 영향을 확인하는 실험이구나." 이렇게 스스로 연결하기 시작했습니다.

광합성에 필요한 요소들

개념과 상황을 연결하는 훈련

초등학교 4학년 '혼합물의 분리' 단원을 배우던 태영이(가명) 이야기입니다. 태영이는 분리 방법들을 열심히 외웠습니다. 거름은 크기 차이, 증발은 용해된 물질 분리, 자석은 철이 포함된 혼합물….

그런데 이런 문제가 나오면 막혔습니다.

"소금과 모래가 섞인 혼합물에서 소금을 얻으려면 어떻게 해야 할까?"

태영이는 "거름"이라고 썼습니다. 틀렸지요.

"태영아, 거름은 언제 쓰는 거야?"

"크기가 다를 때요."

"소금이랑 모래는 크기가 많이 다를까?"

"음…. 비슷한 것 같아요."

"그럼 거름으로는 안 되겠네. 소금의 특징이 뭐가 있을까?"

"물에 녹아요!"

"그래. 그럼 어떻게 하면 될까?"

"아! 물에 녹인 다음에 거르고 그 물을 증발시키면 돼요!"

태영이가 몰랐던 게 아닙니다. 개념은 다 알고 있었어요. 다만 '이 상황에서 어떤 개념을 써야 하지?'를 연결하는 연습이 부족했던 겁니다.

융합형 문제 접근법

융합형 문제는 대개 '상황 제시 → 개념 A 적용 → 개념 B와 연결 → 결론 도출'의 구조입니다. 중학교 물리에서 자주 나오는 융합형 문제를 한번 살펴보겠습니다.

"자동차가 급정거할 때 탑승자의 몸이 앞으로 쏠리는 현상을 관성의 법칙으로 설명하고, 안전벨트가 이를 어떻게 방지하는지 서술하시오."

이 문제를 풀려면 ① 관성의 법칙(물체는 현재 운동 상태를 유지하려 함), ② 힘과 운동의 관계(힘이 작용해야 운동 상태가 변함), ③ 안전벨트의 역할(몸에 힘을 가해 차와 함께 멈추게 함) 세 가지가 연결되어야 합니다.

저는 이런 문제를 연습시킬 때 "왜?"를 세 번 묻습니다.

"왜 몸이 앞으로 쏠려?" → 관성 때문.

"왜 관성 때문인데?" → 몸은 계속 앞으로 가려 하는데 차가 멈춰서.

"왜 안전벨트가 필요해?" → 몸에 힘을 줘서 차와 함께 멈추게 하려고.

이렇게 "왜?"를 연속으로 묻다 보면 개념들이 자연스럽게 연결됩니다.

서술형 문제, 구조가 답이다

융합형 문제는 대부분 서술형으로 출제됩니다. 서술형에서 점수를 잃는 가장 큰 이유는 '논리적 구조' 없이 생각나는 대로 쓰기 때문입니다. 서술형 답안은 다음과 같은 순서로 쓰세요.

- **첫째, 핵심 개념을 먼저 씁니다.**

  "관성의 법칙에 의해…."

- **둘째, 상황에 적용합니다.**

  "자동차가 급정거해도 탑승자의 몸은 원래 운동 상태를 유지하려고 하므로 앞으로 쏠립니다."

- **셋째, 결론을 연결합니다.**

  "안전벨트는 탑승자에게 힘을 가해 차와 함께 정지하게 하여 부상을 방지합니다."

이 구조로 쓰면 채점자가 "이 학생은 개념을 이해하고 있구나"라고 판단합니다. 같은 내용이라도 구조 없이 나열하면 부분 점수만 받고, 구조를 갖추면 만점을 받게 됩니다.

매일 5분, 개념 연결 훈련

융합형 문제에 강해지려면 평소에 개념을 연결하는 습관이 필요합니다. 거창한 게 아니에요. 오늘 배운 개념 하나를 꺼내서, '이거 어디에 쓰이지?' 하고 생각해 보는 겁니다.

- **밀도를 배웠다면**

  → "왜 기름은 물 위에 뜰까?"

  → "왜 잠수함은 가라앉았다 떠오를 수 있지?"

· 열전도를 배웠다면

　　→ "왜 냄비 손잡이는 플라스틱이지?"

　　→ "왜 겨울에 금속 의자가 더 차갑게 느껴지지?"

이런 질문을 스스로 던지고 답해보는 훈련을 하면 시험장에서 융합형 문제를 만나도 당황하지 않습니다. 이미 머릿속에서 개념들이 연결되어 있으니까요. 개념을 외우는 건 시작일 뿐입니다. 그 개념들을 연결하는 순간 과학 문제는 훨씬 쉬워집니다.

5장

아이의 과학 공부,
부모는 어떻게 도울까?

: 사고력이 무너지지 않게 지켜주는 힘

두려움을 없애고
흥미를 높이는 첫걸음

: '모르겠다'에서 멈추지 않게 하는 법

　많은 학생들이 과학을 공부하며 어려움을 느끼고 흥미를 잃는 경험을 합니다. 과학이라는 과목은 복잡한 공식, 암기해야 할 용어들, 그리고 실생활과 잘 연결되지 않는 내용들로 인해 학생들에게 어려운 과목으로 인식되곤 합니다. 이러한 이유로 아이들이 '나는 과학을 못해!'라는 생각에 빠지게 되면 과학 공부 자체를 포기하는 경우도 생깁니다. 하지만 과학은 우리의 삶과 밀접하게 연결된 학문이며, 아이들의 호기심을 자극하는 흥미로운 과목입니다. 중요한 것은 아이들이 과학에 대한 두려움을 극복하고 흥미를 느낄 수 있도록 돕는 방법을 찾는 것입니다.

　과학에 대한 두려움은 대개 자신이 과학을 잘 못한다는 부정적인 생각에서 시작됩니다. 이러한 생각을 극복하기 위해서는 작은 성공 경험을 통해 자신감을 키워주는 것이 중요합니다. 예를 들어, 과학 교과서에서 배운 내용을 실생활에서 찾아보며 작은 호기심을 채우는 활동을 제안할 수 있습니다. 한 학부모는 "왜 비누는 기름때를 제거할 수 있을까?"라는 질문을 던지고 아이와 함께 간단한 실험을 통해 답을 찾아가는 활동을 했습니다. 이 과정에서 아이는 비누가 기름과 물을 결합시키는 계면활성제 역할을 한다는 것을 이해했고, 과학이 단순히 이론이 아니라 실생활의 문제를 해결하는 데 필요한 도구라는 것을 알게 되었습니다. 이런 작은 성공 경험은 아이들에게 과학에 대한 흥미와 자신감을 심어줍니다.

또 다른 방법은 아이들이 흥미를 느낄 수 있는 주제를 중심으로 과학 공부를 시작하는 것입니다. 한 초등학생이 과학을 어려워하던 중 천체망원경을 통해 달을 관찰하는 경험을 했습니다. 이 작은 경험은 아이가 우주에 대한 호기심을 가지게 되는 계기가 되었고, 이후 지구과학에 대한 학습으로 자연스럽게 연결되었습니다. 이처럼 아이가 흥미를 느끼는 주제를 발견하고, 그 주제를 중심으로 과학 공부를 시작하도록 돕는 것은 중요한 전략입니다. 특히 초등학생이나 중학생은 아직 모든 과학 분야를 접해보지 않았기 때문에 다양한 경험을 통해 관심 있는 분야를 찾아가는 과정이 필요합니다.

과학에 대한 두려움을 없애는 또 다른 방법은 실수에 대해 긍정적인 태도를 갖도록 돕는 것입니다. 많은 학생들이 실수를 두려워해 도전을 주저하거나 틀린 문제를 반복적으로 풀면서 좌절감을 느끼곤 합니다.

그러나 과학은 오히려 실패와 실수를 통해 발전해온 학문입니다.『그릿(Grit)』의 저자 앤절라 더크워스(Angela Duckworth)는 실수는 학습의 일부이며, 실패를 통해 배우는 과정이 아이들의 성장에 중요한 역할을 한다고 말합니다. 아이가 과학 문제를 틀렸을 때 이를 실패로 여기는 대신, "이 문제를 통해 어떤 점을 배울 수 있을까?"라는 질문을 통해 학습 기회로 받아들이도록 격려해야 합니다. 실수를 긍정적으로 바라보는 환경은 아이가 과학을 포기하지 않고 어려운 문제에도 도전할 수 있는 용기를 심어줍니다.

또한 과학을 실생활과 연결하여 흥미를 느끼게 하는 것이 중요합니다. 한 중학생은 처음에는 화학 과목이 어려워서 포기하고 싶어 했지만, 부모님과 함께 요리 활동을 하며 화학적 변화를 관찰하는 활동을 통해 화학에 대한 흥미를 되찾을 수 있었습니다. 예를 들어, "왜 베이킹 파우더를 넣으면 빵이 부풀까?"와 같은 질문은 간단한 실험을 통해 화학 반응의 개념을 이해하게 만듭니다. 이런 활동은 아이가 과학이 우리의 삶과 밀접하게 연결되어 있음을 깨닫게 해줍니다.

부모의 역할도 매우 중요합니다. 부모가 과학을 성적 위주의 학문으로 접근하면 아이도 과학에 대한 흥미보다는 부담감을 느끼게 됩니다. 반대로 부모가 과학에 대한 호기심과 즐거움을 공유하면 아이는 자연스럽게 과학을 긍정적으로 받아들이게 됩니다. 한 학부모는 아이와 함께 자연 다큐멘터리를 시청하며 대화를 나누는 시간을 가졌습니다. 이 시간을 통해 아이는 "왜 동물들은 서식지에 따라 다양한 생존 전략을 가

질까?"라는 질문을 하며 생물학에 대한 호기심을 갖게 되었습니다. 이와 같이 부모가 아이와 함께 과학을 탐구하고 질문을 던지며 대화하는 것은 과학 공부를 포기하지 않게 만드는 데 큰 영향을 미칩니다.

마지막으로 과학 공부에 있어 다양한 체험 활동을 제공하는 것도 효과적입니다. 과학 실험 키트를 활용하거나 과학 박물관을 방문하여 직접 보고 만지고 느끼는 활동은 아이들에게 과학의 재미를 경험하게 만듭니다. 화산 분출 실험, 간이 로켓 발사 실험, 간단한 전기 회로 만들기 등은 과학의 원리를 쉽게 이해하게 하고, 과학이 얼마나 재미있는지 깨닫게 하는 계기가 됩니다. 예를 들어, 한 학생은 전기 회로를 연결하는 간단한 실험을 통해 "왜 전구가 빛을 내는가?"를 이해하며 물리학에 대한 흥미를 가지게 되었습니다.

간이 로켓 발사 실험

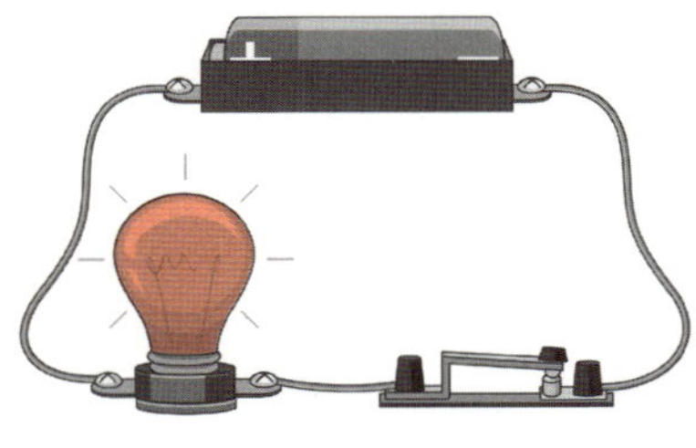

전기 회로 만들기

아이가 과학을 어려운 과목으로 인식하지 않도록 돕는 것은 부모와 교육자의 중요한 역할입니다. 작은 성공 경험을 통해 자신감을 키우고, 아이가 흥미를 느낄 수 있는 주제에서 시작하며, 실수를 학습의 과정으로 받아들이게 하는 환경을 제공해야 합니다. 더불어 실생활과 연결된 학습과 체험 활동은 과학을 단순히 시험 성적을 위한 과목이 아니라 우리의 삶을 이해하고 확장하는 도구로 받아들이게 만듭니다. 이런 과정을 통해 아이들은 과학 공부를 포기하지 않고 스스로 즐기며 배워가는 능력을 키울 수 있습니다.

작은 성공이
자신감을 만든다

: 사고 경험의 누적이 성적을 바꾼다

과학 공부를 어려워하는 학생들은 대개 실패의 경험에서 자신감을 잃기 시작합니다. 문제를 풀지 못하거나 결과가 기대에 미치지 못할 때 점차 '나는 과학을 못해!'라는 생각에 빠지게 됩니다. 그러나 과학은 작은 성공을 쌓아가며 성취감을 느낄 수 있는 과목입니다. 중요한 것은 아이가 자신의 수준에서 달성 가능한 작은 목표를 설정하고 이를 통해 자신감을 키워나가는 것입니다.

심리학자 앨버트 반두라(Albert Bandura)는 자기효능감(Self-efficacy) 연구에서 작은 성공 경험이 학생들의 학습 동기를 강화하고 성취도를 높이는 데 핵심적인 역할을 한다고 밝혔습니다.

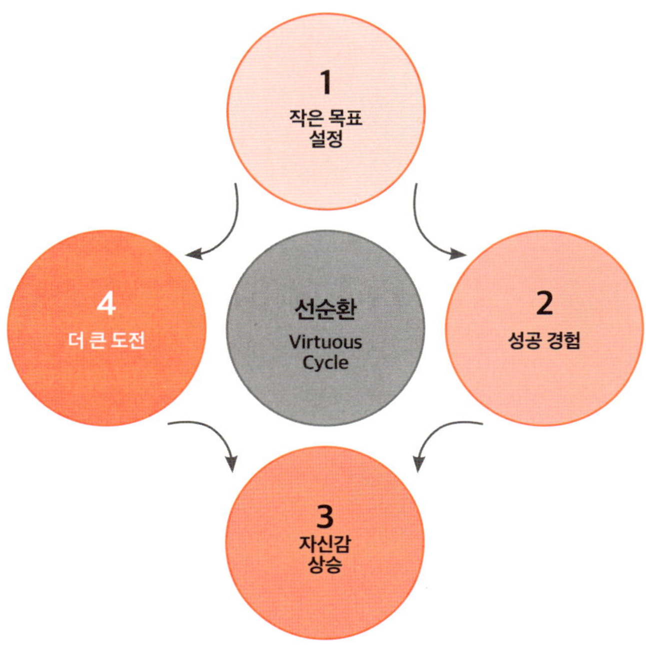

작은 성공 - 자신감의 선순환 구조

출처: 앨버트 반두라의 '자기효능감' 이론을 기반으로 저자 작성.

초등학생에게 과학 공부는 호기심에서 출발합니다. "왜 비누는 기름 때를 제거할 수 있을까?"라는 간단한 질문에 대한 답을 찾는 실험은 아이가 과학을 재미있는 탐구로 받아들이게 만듭니다. 비누가 물과 기름을 결합시키는 계면활성제 역할을 한다는 것을 배우며, 과학이 단순히 이론이 아니라 실생활의 문제를 해결하는 도구라는 사실을 깨닫게 됩니다. 이러한 경험은 아이에게 작은 성공의 기쁨을 선사하고, 더 많은 질문을 던질 수 있는 동기를 부여합니다.

반면 중학생이 되면 과학은 더 체계적이고 심화된 학문으로 다가옵니다. 예를 들어, 초등학생 시절에는 '물이 얼면 부피가 늘어난다'는 현상을 단순히 관찰했다면, 중학교 혹은 고등학교에서는 이를 물 분자의 배열, 결합 구조 등으로 설명해야 하는 상황이 됩니다. 이때 모든 것을 한꺼번에 이해하려 하기보다는, 작은 단위로 목표를 나눠 성공 경험을 쌓는 것이 중요합니다. 한 중학생은 주기율표에서 특정 원소의 특징을 배우고 이를 활용한 문제를 해결하며 자신감을 얻었습니다. 그는 "필요한 부분을 정확하게 하는 것이 도움이 되는구나!"라는 깨달음을 통해 화학에 대한 두려움을 줄일 수 있었습니다.

작은 성공은 실수와 실패를 학습의 일부로 받아들이는 태도에서 시작됩니다. 『딥 워크(Deep Work)』의 저자 칼 뉴포트(Cal Newport)는 어려운 것을 빠르게 익히려면 방해 없는 깊은 집중이 필수적이라고 강조합니다. 이는 아이들이 과학 공부에서 겪는 어려움을 극복하는 데에도 그대로 적용됩니다. 한 중학생이 온도와 압력에 따른 기체의 부피 변화를 계산하는 문제를 반복적으로 틀리면서도 포기하지 않고 풀이 과정을 나누고 연습한 끝에 문제를 해결하게 되었습니다. 이 학생은 단순히 답을 찾은 것이 아니라, 자신감과 함께 문제해결 능력을 키울 수 있었습니다.

부모의 역할 역시 작은 성공을 돕는 데 중요한 요소입니다. 초등학생 시기에는 부모가 함께 간단한 실험을 진행하며 호기심을 자극할 수 있습니다. 예를 들어, 간단한 로켓 발사 실험이나 식물의 광합성을 관찰하는 활동은 아이에게 과학의 재미를 느끼게 합니다. 중학생이 된 아이에게는 좀 더 구체적이고 체계적인 목표 설정을 도와야 합니다. 한 학부모는 아이와 함께 "이번 주에 선생님과 배웠던 화학식 하나를 완전히 이해해 보자!"라는 목표를 설정하고 이를 달성했을 때 아이의 노력을 칭찬하며 격려했습니다. 이 경험은 아이가 더 큰 도전을 긍정적으로 받아들이는 계기가 되었습니다.

실생활과 연결된 학습은 작은 성공을 만들기에 가장 효과적인 방법 중 하나입니다. 예를 들어, 중학생에게 "왜 비 오는 날 도로가 더 미끄러울까?"라는 질문을 던지고 이를 '마찰력'의 개념과 연결시키는 방식은 과학 공부를 실질적으로 받아들이게 만듭니다. 한 학생은 이런 경험을 통해 물리학 문제에 대한 자신감을 얻었고, 이후 어려운 개념에도 긍정적으로 접근하게 되었습니다. 과학 공부가 단순히 시험 문제를 풀기 위한 것이 아니라 우리 삶을 설명하고 확장하는 도구라는 사실을 깨닫게 되는 순간, 아이들은 과학에 흥미를 갖기 시작합니다.

작은 성공은 자기주도 학습의 밑바탕이 됩니다. 한 학생은 과학 실험을 통해 성취감을 느낀 후 스스로 목표를 설정하고 이를 달성하기 위해 자료를 조사하며 학습 계획을 세우는 습관을 들였습니다. 그는 '내가 목표를 세우고 달성할 수 있다'는 경험을 통해 다른 과목에서도 적극적으로 도전하는 태도를 기를 수 있었습니다. 자기주도 학습은 작은 성공 경험을 반복해 쌓아가며, 이는 아이가 과학뿐 아니라 다른 분야에서도 도전을 두려워하지 않는 성장의 밑거름이 됩니다.

작은 성공은 아이들이 과학 공부에 대한 두려움을 극복하고 자신감을 키우는 가장 강력한 방법입니다. 초등학생이든 중학생이든, 아이들이 성취할 수 있는 현실적인 목표를 설정하고, 이를 달성했을 때 충분히 칭찬받는 경험은 무엇보다 중요합니다. 부모와 교사가 이러한 과정을 돕는다면 아이들은 과학을 더 이상 부담스럽고 어려운 과목이 아니라 흥미롭고 도전할 가치가 있는 학문으로 받아들이게 됩니다. 작은 성공이 쌓일수록 아이들의 자신감은 커지고 과학에 대한 흥미도 지속적으로 높아질 것입니다.

공부의 재미를
일상과 연결하기

: 과학을 삶의 언어로 만드는 연습

과학 공부에서 가장 중요한 것은 아이가 흥미를 잃지 않고 배운 내용을 자신의 일상과 연결하는 경험을 하는 것입니다. 하지만 이 과정은 초등학생과 중학생의 학습 환경과 수준에 따라 다르게 접근해야 합니다. 초등학생은 부모와 함께 간단한 실험을 통해 재미있게 배울 수 있지만, 중학생이 되면 실험보다 탐구와 문제 해결 중심의 접근이 더 효과적일 때가 많습니다. 각 연령대의 특성과 학습 수준에 맞춰 과학을 흥미롭게 만드는 방법을 고민해야 합니다.

초등학생: 간단한 실험과 호기심의 확장

초등학생들은 직접 보고 만지고 체험하는 과정을 통해 과학에 대한 흥미를 키울 수 있습니다. 예를 들어, "왜 아이스크림은 빨리 녹고 얼음은 천천히 녹을까?"라는 질문을 던져보세요. 아이와 함께 다양한 조건에서 아이스크림과 얼음을 두고 녹는 속도를 관찰하며 물질의 상태 변화와 열전도의 차이를 이해할 수 있습니다.

한 학부모는 아이와 함께 아이스크림을 방 안에 두었을 때와 냉장고에 두었을 때의 차이를 관찰하며 온도가 물질의 변화에 미치는 영향을 공부한 내용으로 함께 이야기해 보았습니다. 이런 경험을 통해 아이는 '물질은 주변 환경에 따라 다르게 반응한다'는 과학적 원리를 자연스럽게 배웠습니다. 이처럼 초등학생은 일상 속 작은 호기심에서 출발한 실험을 통해 과학적 사고와 탐구심을 자연스럽게 키울 수 있습니다.

중학생: 탐구와 문제해결 중심으로

중학생이 되면 과학 공부는 초등학교 시절의 간단한 실험에서 벗어나 더 심화된 개념과 복잡한 문제를 다루게 됩니다. 이 시기에는 직접 실험을 통해 배우기보다는, 실험 결과를 분석하거나 문제를 해결하는 과정을 중심으로 학습이 이루어지는 경우가 많습니다.

예를 들어, 중학생에게 "왜 비 오는 날 도로가 더 미끄러울까?"라는 질문을 던지며 마찰력과 표면 상태의 관계를 탐구하게 할 수 있습니다. 이 과정에서 학생은 직접 실험을 하지 않더라도, 실생활에서 마주하는 현상을 과학적 개념으로 설명하는 사고 훈련을 할 수 있습니다. 한 학생은 이 질문을 바탕으로 도로 조건에 따른 마찰력 변화를 조사했고,

이 경험을 통해 물리학의 기본 개념을 실제 문제 해결로 연결할 수 있었습니다.

초등학생과 중학생의 교차 지점: 질문으로 시작하기

연령에 상관없이 모든 과학 공부는 질문으로 시작할 수 있습니다. 예를 들어, "왜 탄산음료를 흔들면 거품이 더 많이 올라올까?"라는 질문은 초등학생과 중학생 모두가 흥미를 느낄 수 있는 주제입니다. 초등학생은 부모와 함께 실제로 음료를 흔들며 실험을 해볼 수 있고, 중학생은 이 현상을 기압과 이산화탄소의 화학적 특성으로 분석할 수 있습니다. 이처럼 질문 하나로도 다양한 연령대에서 과학적 사고와 탐구를 유도할 수 있습니다.

부모와의 협력: 관찰과 대화로 과학 배우기

초등학생과 중학생 모두에게 중요한 것은 부모와 함께 관찰하고 대화하는 과정입니다. 한 중학생은 "왜 달은 항상 같은 면만 보일까?"라는 질문을 통해 달의 공전과 자전 주기에 대해 배우는 기회를 가졌습니다. 이 학생은 부모와 함께 다큐멘터리를 시청하며 교과서에서는 추상적으로 느껴졌던 내용을 생생하게 이해했습니다. 중학생은 직접 실험 대신 관찰과 자료 탐구를 통해 배움을 확장할 수 있는 단계에 있기 때문에 부모와 함께 답을 찾아가는 방식이 더욱 효과적일 수 있습니다.

중학생에게 맞는 과학 연결법

중학생에게 실험 대신 탐구를 유도하려면 학교에서 배운 개념을 실생활에 적용해 보는 과제를 제안하는 것도 좋은 방법입니다. 예를 들어, "왜 겨울철에는 도로에 염화칼슘을 뿌릴까?"라는 질문은 교과서에서 배운 화학적 성질을 생활 속 문제로 연결시키는 계기가 됩니다. 학생들은 인터넷 검색이나 간단한 자료 조사를 통해 염화칼슘이 물의 어는점을 낮추는 원리를 이해하게 되고, 이는 과학적 사고력과 문제해결 능력을 키우는 데 도움이 됩니다.

초등학생과 중학생 모두에게 중요한 것은 과학이 단순히 시험 성적을 위한 과목이 아니라, 우리 삶을 이해하고 탐구하는 데 필요한 도구

겨울철 길가에 뿌리는 염화칼슘

임을 깨닫게 하는 것입니다. 초등학생은 간단한 실험과 관찰을 통해 과학의 재미를 느끼고, 중학생은 질문과 탐구 과제를 통해 스스로 문제를 해결하는 경험을 쌓을 수 있습니다. 나아가 부모와의 대화를 통해 배움을 확장하고 과학이 우리 일상과 깊이 연결된 학문이라는 사실을 자연스럽게 받아들이게 됩니다.

이 과정에서 중요한 것은 연령과 학습 수준에 맞는 접근 방식을 고민하며 아이들이 주도적으로 배우고 탐구하도록 유도하는 것입니다. 과학은 단순히 암기 과목이 아니라 세상을 이해하는 도구라는 것을 깨닫게 될 때, 아이들은 학습에 대한 흥미를 잃지 않고 지속적으로 도전할 수 있습니다.

실패를 기회로 바꾸는 사고방식

: 틀림을 학습으로 전환하는 힘

"원장님, 저 이 문제 세 번째 틀리는 거예요. 저는 과학 머리가 없나 봐요."

중학교 2학년 정훈이(가명)가 울상인 얼굴로 문제집을 들고 왔습니다. 시험지를 받아 든 아이들의 첫마디는 종종 '배움'이 아닌 '좌절'입니다. 특히 정답이 명확한 과학 과목에서 빨간 빗금은 아이들에게 '나의 부족함'이나 '실패'라는 꼬리표처럼 느껴지기 쉽습니다. 하지만 과학은 정답만을 찾아가는 학문이 아닙니다. 오히려 수많은 가설이 틀렸음을 증명하고 오류를 수정해온 과정 자체가 과학입니다.

과학 공부에서도 마찬가지입니다. 틀린 문제는 아이가 과학을 못한다는 증거가 아니라, 아직 배우지 못한 부분이 어디인지를 정확히 알려주는 '가장 솔직한 데이터'입니다. 이 데이터를 어떻게 해석하고 활용하느냐에 따라 아이의 성장은 완전히 달라집니다. 제가 현장에서 만난 아이들의 사례를 통해 '틀림'이 어떻게 '기회'가 되는지 이야기해 보겠습니다.

유형 1: 잘못된 생각의 뿌리를 뽑을 기회 (중2 정훈이 사례)

정훈이는 전기 회로 단원에서 '직렬 연결의 전체 저항'을 구하는 문제를 가져왔습니다. 3Ω짜리 저항 3개를 직렬로 연결했을 때 전체 저항을 구하는 문제였는데, 정훈이는 3÷3을 해서 1Ω이라고 썼습니다.

"정훈아, 왜 나눴어?"

"저항이 3개니까요."

"직렬이야, 병렬이야?"

"직렬이요."

"직렬이면 전류가 어떻게 흘러? 한 줄로 흐르지? 전류 입장에서 생각해 봐. 저항 하나 지나고, 또 하나 지나고, 또 하나 지나는 거야. 힘들어지겠어, 편해지겠어?"

정훈이가 잠깐 생각하더니 말했습니다. "힘들어지죠. 아, 그러면 더 해야 하는 거예요? 9Ω이네요." 정훈이는 고개를 끄덕였습니다.

하지만 2주 뒤 2Ω짜리 저항 4개를 직렬 연결하는 문제에서 또다시 4로 나누어 0.5Ω이라고 썼습니다. 머리로는 이해했지만 무의식 중에 '저항이 여러 개면 나눈다'는 잘못된 직관이 박혀 있었던 것입니다. 저는 다르게 접근했습니다.

"정훈아, 왜 자꾸 나눈다고 생각했는지 그 이유를 찾아보자. 혹시 평균 구할 때랑 헷갈린 거 아니야?”

“아….. 그런가 봐요. 숫자 여러 개 있으면 더해서 나누니까….”

“저항은 평균 구하는 게 아니야. 전류가 지나가는 길에 방해물이 늘어나는 거야.”

정훈이의 표정이 그제야 밝아졌습니다. 단순히 공식을 다시 외운 게 아니라, ‘내가 왜 그렇게 생각했는지’ 원인을 찾았기 때문입니다. 오답은 이렇게 아이 머릿속에 숨어 있는 ‘잘못된 생각의 뿌리’를 찾아낼 수 있는 유일한 단서입니다. 틀리지 않았다면 정훈이는 계속해서 저항을 평균 내고 있었을 것입니다.

직렬 연결과 병렬 연결 실험

유형 2: 급한 습관을 교정할 기회 (중1 수아 사례)

중학교 1학년 수아(가명)는 밀도 문제를 계속 틀렸습니다. 공식인 ‘밀도 = 질량 ÷ 부피'라고 정확히 알고 있었지만, 문제만 풀면 '밀도 = 부피 ÷ 질량'으로 거꾸로 계산했습니다.

"수아야, 왜 거꾸로 했어?"

"모르겠어요. 손이 그냥…."

옆에서 지켜보니 이유를 알 수 있었습니다. 수아는 문제를 읽자마자 계산기부터 두드렸습니다. 공식을 떠올리고 정리할 틈 없이 숫자부터 대입하려는 급한 마음이 앞선 것입니다. 이것은 지식의 문제가 아니라 습관의 문제입니다.

"수아야, 계산하기 전에 무조건 공식부터 써보자. 식을 먼저 쓰고 그 자리에 숫자를 넣는 거야."

수아에게 필요한 것은 암기가 아니라 '한 템포 쉬어가는 습관'이었습니다. 이 작은 교정 덕분에 수아는 실수투성이에서 벗어날 수 있었습니다. 틀림은 아이의 나쁜 습관을 고칠 절호의 기회입니다.

유형 3: 기초를 다시 세울 기회 (중3 준영이 사례)

오답을 방치하면 어떤 일이 벌어질까요? 지난 학년의 작은 구멍은 다음 학년에 걷잡을 수 없이 커집니다. 중학교 3학년이 된 준영이(가명)가 1학기 중간고사 시험지를 구겨 쥔 채 저를 찾아왔을 때가 딱 그런 경우였습니다. "원장님, 저 이번에 화학 다 틀렸어요. 화학 반응식은 도저히 이해가 안 돼요." 준영이는 중3 과학의 첫 관문인 '화학 반응의 규칙' 단원에서 완전히 무너져 있었습니다.

교과서를 펴놓고 물어봤습니다. "준영아, 물이 생성되는 반응식 써볼 수 있어?" 준영이는 펜을 들고 머뭇거렸습니다. "음…. 물은 워터니까 W인가요? 수소는 H고…." 준영이의 문제는 중3 과정인 '화학 반응식'이 아니었습니다. 중학교 2학년 때 외웠어야 할 '원소 기호'와 '분자식'이 머릿속에 전혀 없는 것이 문제였습니다. 알파벳(원소 기호)을 모르는데 문장(화학 반응식)을 쓰라고 하니, 준영이 입장에서는 외계어처럼 보일 수밖에 없었던 것입니다.

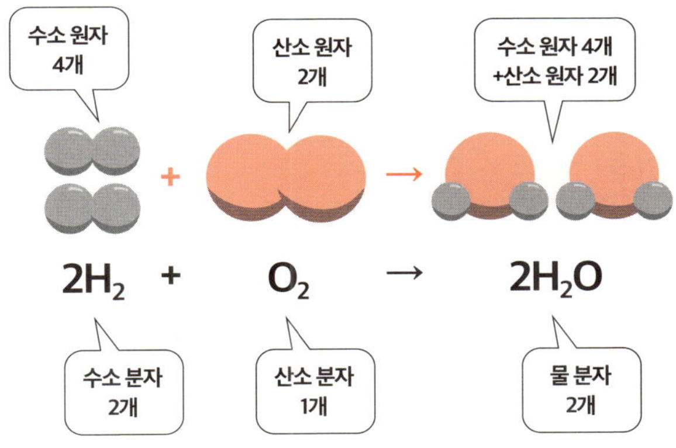

"준영아, 넌 지금 이해력이 부족한 게 아니야. 2학년 때 외웠어야 할 재료가 없는 거야. 구구단을 모르는데 곱셈 문제를 풀 수는 없잖아?"

준영이는 얼굴이 빨개졌습니다. 3학년이 2학년 책을 다시 봐야 한다는 게 자존심 상했던 겁니다.

"그럼 처음부터 다시 해야 해요?"

"응, 딱 3일만 투자하자. 원소 기호 20개랑 기본 분자식만 다시 외우면 지금 네가 어려워하는 반응식이 마법처럼 쉬워질 거야."

준영이는 주말 동안 중2 과학 교재를 다시 꺼내 원소 기호를 암기했습니다. 그리고 다시 학원에 와서 반응식을 접했을 때 준영이의 눈빛이 달라졌습니다.

"원장님, 이제 이게 왜 H_2O인지 알겠어요. 글자가 읽히니까 재미있네요."

준영이에게 그 망친 시험지는 실패가 아니었습니다. 모래 위에 쌓고 있던 성을 발견하고 다시 단단한 땅을 다질 수 있었던 결정적인 기회였습니다. 2학년 때의 게으름을 3학년 첫 시험에서 발견한 것이 천만다행인 순간이었습니다.

유형 4: 논리를 정교하게 다듬을 기회 (중3 민재 사례)

중학교 3학년 민재(가명)는 성적 기복이 심했습니다. 어떤 때는 90점, 어떤 때는 60점. 시험지를 분석해 보니 패턴이 있었습니다. 계산 문제는 잘 푸는데 "이유를 설명하시오" 같은 서술형 문제에서 점수를 다 깎아먹고 있었습니다.

"민재야, 서술형 답안에 왜 이렇게 썼어?"

"그냥…. 아는 대로 썼는데요."

민재의 답안은 친구에게 말하듯 일상 용어로 쓰여 있었습니다. "물이 수증기가 됐다"라고 썼지만, 정답 인정은 되지 않았습니다. 과학에서는

'물이 기화했다'라는 정확한 용어가 필요하기 때문입니다.

"민재야, 서술형은 아는 걸 쓰는 게 아니라, 배운 용어로 증명하는 거야."

민재는 자신이 안다고 착각하고 있었음을 깨달았습니다. 오답을 통해 자신의 지식이 얼마나 헐거운지 확인한 것입니다. 이후 민재는 교과서 용어를 의식적으로 사용하는 훈련을 했고, 성적은 안정권으로 올라섰습니다.

실패는 끝이 아니라 진짜 공부의 시작이라고 할 수 있습니다. 저는 아이가 문제를 틀려오면 혼내는 대신 항상 이렇게 묻습니다. "왜 이렇게 생각했어?" 대부분의 아이는 처음엔 "몰라요"라고 답합니다. 하지만 한 번 더 물어보면 다음과 같이 진짜 이유가 나옵니다.

- 잘못 외워서 (개념 오류)

- 급하게 풀어서 (습관 문제)

- 예전 것을 몰라서 (기초 부족)

- 표현이 서툴러서 (논리 부족)

그 이유를 찾아내는 것이 진짜 공부입니다. 정답만 확인하고 넘어가는 공부는 '구멍 난 독에 물 붓기'와 같습니다. 부모님께 부탁드립니다. 아이가 성적표를 들고 왔거나 문제를 틀렸을 때, "너 이거 왜 틀렸어?"라고 다그치지 말아 주십시오. 대신 현실적이고 쿨하게 이렇게 말해 주세요.

"지금 틀려서 천만다행이다. 이거 모르고 시험장 들어갔으면 얼마나 억울할 뻔했어? 지금 알았으니까, 이건 이제 무조건 네 점수야."

오답을 '감점'이 아니라 '시험 전 미리 맞은 예방주사'로 인식하게 해주는 것. 이 한마디가 아이를 실패 앞에서 쫄지 않고 끝까지 파고드는 단단한 아이로 만듭니다. 이것이 부모가 아이의 멘탈을 지키는 가장 현실적인 지혜입니다.

부모의
긍정적 역할

: 동기를 높이는 질문과 대화

"오늘 학원에서 뭐 배웠어?"

저녁 식사 자리, 부모님은 관심을 갖고 묻지만 아이의 대답은 늘 한결같습니다.

"그냥 뭐…. 과학이요."

"그러니까 과학 뭐? 알아들었어?"

"아, 몰라. 밥 먹는데 자꾸 물어보지 마."

대화는 여기서 끊깁니다. 부모는 답답하고 아이는 짜증이 납니다. 분명 부모님은 아이를 챙겨주려는 좋은 의도였는데 왜 대화는 항상 '취조'로 끝날까요? 문제는 질문의 '방향'에 있습니다. 대부분의 부모님은 '확인'하기 위해 질문합니다. "숙제했니?", "다 맞았니?", "이해했니?" 같은 질문은 아이에게 압박감을 줍니다.

과학 공부의 동기를 높이는 대화는 '확인'이 아니라 '호기심'에서 시작되어야 합니다. 부모가 아이의 점수가 아닌 아이가 배운 '내용'과 '생각'에 관심을 가질 때 아이의 입이 열리고 사고력이 자랍니다.

'검사관'이 아닌 '학생'이 되어주세요

제가 현장에서 만난 자기주도적으로 공부하는 아이들의 부모에게는 한 가지 공통된 습관이 있었습니다. 그들은 아이 앞에서 '가르치려' 하지 않고 '배우려' 합니다.

최상위권 성적을 유지하는 중2 도윤이네 집 풍경은 좀 독특합니다. 도윤이가 학원에서 돌아오면 어머니는 식탁에 앉아 이렇게 말합니다.

"도윤아, 엄마가 뉴스에서 봤는데 요즘 지구가 점점 더워진다며? 너 이번에 학교에서 열에너지 배우지 않았어? 그게 정확히 무슨 원리야?"

어머니가 정말 몰라서 묻는 걸까요? 아닙니다. 어머니는 아이가 배운 내용을 설명하도록 판을 깔아주는 것입니다. 도윤이는 신이 나서 칠판까지 가져와 설명합니다.

"엄마, 봐봐. 열은 원래 높은 데서 낮은 데로 가잖아? 근데 온실가스가 이불처럼 덮고 있어서…."

교육학에서는 이를 '동료 교수법(Peer Teaching)' 혹은 '설명하기 효과'라고 합니다. 남에게 설명할 때 학습 효율이 가장 높다는 것은 이미 증명된 사실입니다. 부모가 "오늘 배운 거 설명해 봐"라고 시키면 숙제가 되지만, "엄마는 잘 모르는데 네가 좀 알려줄래?"라고 접근하면 아이는 '선생님'이 됩니다. 누군가를 가르친다는 자부심, 그것이 최고의 학습 동기입니다.

'왜?'를 '어떻게?'로 바꾸는 마법

아이가 문제를 틀리거나 엉뚱한 소리를 할 때 부모님이 가장 많이 하는 말은 "왜?"입니다. "왜 이렇게 풀었어?", "왜 그런 생각을 했어?"

'왜(Why)'라는 질문은 의도와 달리 아이에게 '비난'이나 '추궁'으로 들리기 쉽습니다. 아이는 방어적으로 변하고 입을 다뭅니다. 이때 질문을 '어떻게(How)'와 '무엇(What)'으로 바꿔보세요.

한 학부모는 이 대화법을 바꾼 뒤, 아이가 "엄마, 사실은 내가 여기서 착각했는데…"라며 자신의 실수를 술술 털어놓더라고 놀라워했습니다. 비난받지 않는다는 확신이 들 때 아이는 자신의 사고 과정을 솔직하게 공유합니다.

정답보다 '질문'을 칭찬하라

노벨상 수상자들의 부모는 아이가 학교에서 돌아오면 "선생님 말씀 잘 들었니?" 대신 "오늘 선생님께 어떤 질문을 했니?"라고 물었다고 합니다. 우리나라 교육 현실에서 수업 시간에 질문하기란 쉽지 않습니다. 그렇다면 집에서라도 질문을 칭찬해 주어야 합니다. 아이가 엉뚱한 질문을 했을 때가 기회입니다.

"달은 왜 자꾸 나를 따라와요?", "사람이 광합성을 하면 밥 안 먹어도 돼요?"와 같은 질문에 "말도 안 되는 소리 하지 마라"거나 바로 정답을 검색해서 알려주지 마십시오. 대신 이렇게 반응해 주세요.

"와, 정말 기발한 질문이다! 넌 어떻게 그런 생각을 했어?"

"진짜 사람이 광합성을 할 수 있으면 어떻게 될까? 피부가 초록색이 될까?"

과학적 상상력을 자극하는 '티키타카'가 이어질 때 아이는 과학을 지루한 공부가 아니라 재미있는 상상 놀이로 받아들입니다. 질문 자체가 칭찬받을 일이라는 것을 알게 된 아이는 학교 수업 시간에도 적극적으로 사고하게 됩니다.

현명한 부모의 '3분 멍청이' 전략

제가 학부모 상담 때 농담처럼 권해드리는 전략이 있습니다. 하루에 딱 3분만 '과학을 잘 모르는 멍청이' 연기를 하라는 겁니다. 아이가 "엄마, 관성이 뭐예요?"라고 물으면 스마트폰을 찾거나 아는 척 설명하려 하지 마세요.

"글쎄? 관성? 들어보긴 했는데 엄마도 헷갈리네. 버스 급정거할 때 넘어지는 거랑 관련 있지 않나? 네 생각은 어때?"

부모의 빈틈은 아이의 자신감이 자라는 공간입니다. 엄마도 모른다는 사실에 아이는 안도감을 느끼고, 자신이 직접 책을 찾아 엄마에게 알려주려고 노력합니다.

"엄마, 제가 찾아보니까요, 물체가 운동 상태를 유지하려는 성질이래요!"

이때 부모님의 반응은 딱 하나면 충분합니다.

"아하! 네 덕분에 엄마도 하나 배웠네. 우리 딸(아들), 선생님이 따로 없네!"

이 한마디를 들은 아이의 뇌에서는 도파민이 솟구칩니다. '공부해서 남 주는' 기쁨, 부모에게 인정받는 기쁨을 맛본 아이는 누가 시키지 않아도 다음 과학 시간을 기다리게 될 것입니다. 이것이 제가 28년간 현장에서 지켜본 끝까지 공부하는 힘을 가진 아이들의 부모가 가진 결정적인 지혜입니다.

6장

부모가 알아야 할 과학 학습 지원법

: 융합교육 시대, 부모의 역할은 무엇인가?

아이의 학습 스타일을 파악하는 법

: 암기형·이해형·연결형 아이의 차이

"우리 애는 정말 성실하게 달달 외우는데, 왜 응용 문제만 나오면 틀릴까요?"

"아이가 과학 책은 좋아하는데, 시험 점수는 그만큼 안 나와요."

상담을 원해서 오시는 부모님들의 고민은 제각각입니다. 아이들마다 머리를 쓰는 방식, 즉 '학습 스타일'이 다르기 때문입니다.

과학 공부에서 아이들은 크게 '암기형 아이', '이해형 아이', '연결형 아이'로 나뉩니다. 우리 아이가 어디에 속하는지 파악해야 그에 맞는 '성장 처방'을 받을 수 있습니다.

성실한 함정, '암기형 아이'

가장 많은 유형이자 초등학교 때는 성적이 좋다가 중2, 중3 때 급격히 무너지는 유형입니다.

특징

교과서의 굵은 글씨, 문제집의 요점 정리를 달달 외웁니다. 빈칸 채우기 문제는 기가 막히게 잘 풀지만, "이유를 서술하시오"나 "실험 조건을 바꾸면?" 같은 문제에서는 백지를 냅니다.

중2 때 저를 찾아온 민성이(가명)가 딱 그런 경우였습니다. 민성이는 교과서 귀퉁이에 있는 참고 자료까지 토씨 하나 안 틀리고 외우는 아이였습니다. 노트 필기는 전교 1등감이었습니다. 그런데 시험에서 "그림 (가)의 실험 장치를 (나)로 바꿨을 때의 변화를 서술하시오"라는 문제가 나오자 틀려왔습니다. 교과서엔 (가) 그림만 있었고 (나)는 없었거든요. 민성이는 "배운 적 없다"고 억울해했지만, 사실은 배운 원리를 조금만 응용하면 풀 수 있는 문제였습니다. 이처럼 '성실한 암기형 아이'는 변형 문제 앞에서는 무기력합니다.

부모의 오해

"우리 애는 머리는 좋은데 실수를 좀 해요." (실수가 아니라 사고력이 부족한 것입니다.)

솔루션: 책을 덮고 설명하게 하기

이러한 아이들에게 필요한 건 '입력(암기)'이 아니라 '출력(설명)'입니다. 책을 덮고 "그래서 광합성이 뭐야?"라고 물었을 때 줄줄 외운 문장이 아니라 자기 언어로 설명할 수 있어야 합니다. "왜?"라는 질문을 계속 던져서 암기의 벽을 깨고 이해의 영역으로 넘어가게 도와줘야 합니다.

호기심 대장, '이해형 아이'

과학자 기질이 다분하지만, 한국식 내신 시험에서는 억울한 점수를 받기도 하는 유형입니다.

특징

"왜요?"라는 질문을 입에 달고 삽니다. 원리가 납득되지 않으면 다음 진도를 못 나갑니다. 아는 것은 깊지만 꼼꼼함이 부족해 단순 계산이나 용어 철자에서 점수를 깎입니다.

부모의 오해

"애가 엉뚱한 생각만 하고 진도가 너무 느려요." (엉뚱한 것이 아니라 호기심이 많은 것입니다.)

솔루션: 구조화(마인드맵) 훈련

이러한 아이들은 지식이 머릿속에 흩어져 있습니다. 마인드맵이나 목차 정리를 통

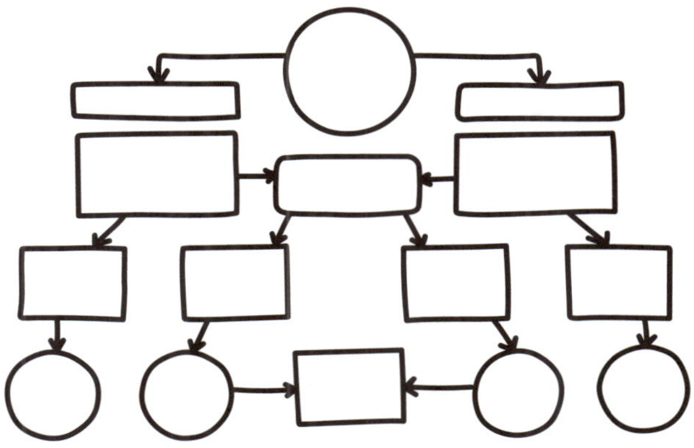

구조화 훈련에 효과적인 마인드맵

해 지식을 체계적으로 서랍에 넣는 훈련이 필요합니다. 또한 '이해했으니까 넘어가자'가 아니라 정확한 용어 암기(디테일)까지 마무리 짓는 습관을 들여야 최상위권으로 도약합니다.

우리가 목표로 하는 '연결형 아이' (이상적 모델)

이 책이 궁극적으로 지향하는 아이의 모습입니다.

특징

하나를 배우면 열을 압니다. 물리에서 배운 '에너지' 개념을 생물의 '호흡'과 연결하고, 뉴스에서 본 '기후 변화'를 '과학 원리'로 해석합니다. 새로운 유형의 문제가 나와도 당황하지 않고 기존 지식을 조합해 답을 찾아냅니다.

솔루션: 융합 사고 멍석 깔아주기

이러한 아이들에게는 선행 학습보다 '심화 학습'과 '독서'가 날개를 달아줍니다. 교과서 밖의 과학 잡지, 다큐멘터리를 접하게 하고, "만약에 지구 중력이 사라지면 어떻게 될까?" 같은 열린 질문으로 사고를 무한히 확장시켜 주세요.

우리 아이, 어떻게 이끌어 줄까?

중요한 것은 아이를 한 가지 유형에 가두는 것이 아닙니다. '암기형' 아이를 '이해형'으로 '이해형' 아이를 '연결형'으로 성장시키는 것이 부모의 역할입니다. 암기형 아이에게는 "정답이 뭐야?" 대신 "왜 그렇게 생각해?"를 물어주세요. 이해형 아이에게는 "빨리 공부해" 대신 "네 생각을 정리해서 써볼까?"를 권해주세요. 아이의 현재 스타일을 비난하지 않고 다음 단계로 나아갈 수 있는 사다리를 놓아줄 때 아이의 과학 머리는 트이기 시작합니다.

결과보다 과정을 칭찬하는 올바른 대화법

: 사고 과정을 인정할 때 성적이 따라온다

아이가 과학 공부를 통해 성취감을 느끼기 위해서는 부모의 칭찬이 매우 중요한 역할을 합니다. 하지만 단순히 결과만을 칭찬하면 아이는 결과에 집착하거나 실패를 두려워하게 될 수 있습니다. 특히 과학은 정답보다 실험과 탐구의 과정에서 더 많은 배움을 얻는 과목입니다. 결과보다는 과정을 칭찬하는 올바른 대화법은 아이가 실패를 두려워하지 않고 도전과 성장을 즐기도록 돕는 핵심입니다.

결과 중심 대화의 문제점

결과 중심 대화를 통해 '좋은 성적을 받아야 칭찬을 받을 수 있다'라는 잘못된 메시지를 받게 되면 아이는 성과에 집착하거나 실패했을 때 좌절감을 심하게 느끼게 됩니다. 과학 공부에서 실패는 흔히 일어나는 일입니다. 실험이 예상과 다르게 진행되거나 문제 풀이에서 오답이 나왔을 때 결과만을 칭찬받던 아이는 '틀리면 안 된다'라는 부담감을 느끼며, 이는 도전 의욕을 꺾고 창의적인 탐구 대신 안전한 선택만 하게 만드는 부작용을 초래할 수 있습니다.

과정 중심 대화의 중요성

"결과보다 네가 노력한 과정이 더 중요해"라고 말하며 과정을 칭찬하면 아이는 문제를 해결하는 과정에서 느끼는 배움과 성취감을 더 소중히 여기게 됩니다. 예를 들어, 한 초등학생이 화산 폭발 실험을 하다가 비율을 잘못 맞춰 폭발이 기대만큼 크지 않았을 때, 부모가 "다시 시도할 방법을 생각한 게 정말 대단하네. 이런 식으로 실험을 반복하다 보면 더 멋진 결과를 얻을 수 있을 거야!"라고 말해주면 아이는 실험의 과정을 즐기고 실패를 두려워하지 않게 됩니다.

과정을 칭찬하려면 아이가 문제를 해결하기 위해 했던 구체적인 노력과 생각을 언급해야 합니다.

과정 중심의 칭찬 예시

· **노력과 준비 칭찬하기**: "실험 전에 자료를 찾아보고 준비했구나. 정말 열심히 했어!"와 같이 실험이나 문제 풀이 전에 아이가 했던 준비 과정에 주목하면 아이는 자신의 노력이 인정받았다고 느끼며 더 열심히 시도할 동기를 얻습니다.

- **시도와 도전 칭찬하기**: "이 방법을 시도해 본 게 정말 좋은 아이디어였어. 비록 결과는 달랐지만 이런 도전이 네 실력을 키울 거야"라고 칭찬하면 아이가 실패를 겪었더라도 창의적이고 도전적인 태도를 강화할 수 있습니다.

- **문제해결 과정 칭찬하기**: "문제를 해결하려고 다양한 방법을 생각해 본 게 멋지다"와 같이 어떤 접근을 했는지 구체적으로 언급해 주면 아이가 과정을 즐기고 더 깊이 탐구하도록 격려하게 됩니다.

- **지속적인 노력 칭찬하기**: "실패했지만 포기하지 않고 다시 도전한 모습이 정말 대단해!"라고 칭찬하면 실패를 긍정적으로 받아들이는 힘을 키울 수 있습니다.

과정을 강조하는 대화 예시

- **초등학생과의 대화** (밀도 실험 상황): 결과가 틀렸다고 "다시 제대로 해봐"라고 지적하기보다, "실험 과정을 잘 따라갔네! 그런데 왜 결과가 다르게 나왔는지 생각해 볼까? 네가 실험 과정을 다시 확인하며 더 배울 수 있을 거야"라고 말하는 것이 올바른 예입니다.

- **중학생과의 대화** (데이터 분석 오류 상황): "왜 실수를 했어?"라고 질책하는 대신, "실수를 발견한 게 대단해! 이렇게 분석하다 보면 다음엔 더 정확하게 할 수 있을 거야. 이번에도 정말 열심히 했구나"라고 격려해 줍니다.

결과와 과정을 균형 있게 다루는 법

결과보다 과정을 더 강조하며 칭찬할 때 아이들은 실패를 두려워하지 않고 도전적인 태도를 유지하게 됩니다.

- **결과와 과정을 분리해서 평가하지 말기**: 실험 결과가 기대에 미치지 못했더라도 그 과정에서 무엇을 배웠는지 묻고 결과가 아닌 노력과 시도 자체를 칭찬해 줍니다.

- **결과와 과정을 연결하기**: "결과는 조금 달랐지만 네가 실험 과정을 꼼꼼히 따라간 덕분에 다음에는 더 좋은 결과가 나올 거야"라고 균형 있게 연결하면 아이는 실패 속에서도 자신감을 얻게 됩니다.

부모가 기억해야 할 메시지

과학은 정답을 찾는 학문이 아닙니다. 탐구와 실험의 과정을 통해 세상을 이해하는 즐거움을 배우는 학문입니다. 결과보다 과정을 칭찬하는 부모의 대화법은 아이가 실패를 두려워하지 않고 배움의 과정을 사랑하게 만듭니다. "결과는 잠깐이지만 과정에서 얻은 배움은 평생을 간다"라는 말처럼, 아이가 결과에 얽매이지 않고 도전과 탐구를 즐길 수 있도록 과정 중심의 대화를 실천해 보세요.

자율성을 높이며 학습 방향성 잡아주기

: 스스로 생각하게 만드는 환경

지시를 멈출 때 자율성이 시작된다

"원장님, 애가 공부하라고 하면 안 하고, 하지 말라고 해도 또 안 해요. 어떻게 해야 할까요?" 중학교 2학년 학부모가 하소연하듯 던진 이 질문 속에 사실 정답이 숨어 있습니다. "하라고 해도 안 하고, 하지 말라고 해도 안 한다"는 상황의 공통점은 부모가 '지시'하고 있다는 점입니다. 아이는 단 한 번도 스스로 선택할 기회를 얻지 못했습니다. 과학 학습은 아이가 스스로 탐구하고 문제를 해결할 때 가장 큰 의미를 갖습니다. 특히 초등학생과 중학생은 지시에 의존하기보다 스스로 주도적으로 방향을 설정할 때 학습 효과가 극대화됩니다. 많은 부모님이 '자율성'을 '방임'과 혼동하곤 하지만, 진정한 자율성은 아이를 내버려 두는 것이 아니라 올바른 방향(나침반)을 제시하며 아이가 스스로 선택하고 책임 질 수 있는 환경을 만들어 주는 것입니다.

자율성은 '방임'이 아닌 '나침반'이다

자율성을 이야기하면 흔히 "그럼 알아서 하라고 내버려 두라는 건가요?"라고 묻습니다. 하지만 그것은 방임입니다.

- **방임**: 아이를 바다에 던져놓고 "알아서 헤엄쳐"라고 하는 것
- **통제**: 아이 손을 꽉 잡고 "내가 가는 대로 따라와"라고 하는 것
- **자율성**: 아이에게 나침반을 주고 "어디로 갈지 네가 정해. 대신 방향은 같이 확인 하자"라고 하는 것

과학 공부도 마찬가지입니다. 무엇을, 어떻게, 언제 공부할지를 아이가 선택하게 해야 합니다. 단, 그 선택이 엉뚱한 방향으로 가지 않도록 부모가 옆에서 방향을 확인해 주는 '나침반' 역할을 해주어야 합니다.

자율성은 '책임감'이라는 토양에서 자란다

자율성을 높이는 첫걸음은 아이가 자신의 학습에 책임감을 느끼도록 돕는 것입니다. 책임감은 부모가 학습의 '왜(Why)'와 '어떻게(How)'를 아이와 함께 탐구할 때 생겨납니다.

초등학생

"왜 이 실험을 해야 할까?", "이 실험에서 무엇을 배우고 싶은지 생각해 볼래?"와 같은 질문을 던져보세요. 아이는 질문에 답하는 과정에서 자신의 학습 목표를 스스로 설정하게 됩니다.

중학생

"이 주제를 탐구하면 어떤 문제를 해결할 수 있을까?", "어떤 방법으로 실험을 진행하면 좋을까?"와 같이 학습 계획과 과정을 직접 설계할 기회를 주어야 합니다. 자신의 입으로 내뱉은 계획은 곧 자신이 책임져야 할 약속이 됩니다.

자율성의 연령별 단계적 접근

자율성의 수준은 아이의 발달 단계에 따라 달라야 합니다.

초등학생: 선택지 안에서 고르게 하기

초등학생은 아직 무(無)에서 유(有)를 창조하는 계획 수립 능력이 부족합니다. 이때는 부모가 마련한 두세 가지 선택지 안에서 고르게 하는 것이 좋습니다. "오늘 식물 단원을 먼저 볼까, 지층 단원을 먼저 볼까?" 혹은 "문제집을 먼저 풀래, 교과서를 먼저 읽을래?"라고 물어보세요. 아이는 선택하면서 '내가 결정했다'는 효능감을 느끼며 학습에 몰입합니다.

중학생: 목표만 제시하고 방법은 맡기기

중학생은 부모가 정해준 선택지 자체를 간섭으로 느낍니다. 이 시기에는 '이번 주 안에 화학 반응 단원 정리'라는 목표에만 합의하고 그 방법은 아이에게 완전히 맡겨야 합니다. 시행착오를 겪어봐야 고등학교에 가서 스스로 일어설 힘이 생깁니다.

스스로 생각하게 만드는 질문법과 환경 조성

자율성을 키우는 가장 강력한 도구는 '지시'를 '질문'으로 바꾸는 것입니다. 또한 물리적인 환경 조성도 중요합니다. 집 안에 간단한 실험 도구나 과학 자료를 손쉽게 사용할 수 있는 공간을 마련해 주세요. 온라인 학습 자료를 함께 찾아보며 탐구의 범위를 넓혀주는 것도 자율성을 자극하는 좋은 방법입니다.

'지시'와 '질문' 비교

지시 (지양해야 함)	질문 (권장함)
"밀도 공식 무조건 외워."	"밀도가 뭔지 네 말로 설명해 줄 수 있어?"
"이 문제 이렇게 푸는 거야."	"이 문제에 어떻게 접근하면 좋을 것 같아?"
"내일 시험인데 왜 안 하니?"	"내일 시험 준비가 어느 정도 된 것 같아?"

실패를 존중할 때 비로소 완성되는 자율성

자율성을 높이는 과정에서 실패는 필수적입니다. 아이가 실패했을 때 이를 비난하거나 "그러니까 내 말대로 하지"라고 하는 순간, 아이는 다시 수동적인 상태로 돌아갑니다. 대신 "이런 방법을 시도해 본 것 자체가 대단해. 다음엔 무엇을 다르게 바꿔볼까?"라고 격려해 주세요. 실패를 통해 스스로 학습 방향을 수정하는 경험이 아이를 진짜 우등생으로 만듭니다.

자율성과 방향성이 만나는 지점

아이에게 자율성을 부여하는 동시에 학습 방향성을 제시하면 과학 공부는 단순히 성적을 위한 노동을 넘어 창의적이고 의미 있는 배움의 과정으로 바뀝니다. 자율성은 아이가 스스로 선택하고 실행하는 경험이며, 방향성은 부모가 지원하며 아이가 올바른 궤도를 유지하도록 돕는 역할입니다. 이 두 가지가 균형을 이룰 때 아이는 자신만의 학습 방식을 찾으며 주도적인 삶의 태도를 가지게 됩니다.

초등학생의 과학 흥미를 키우는 놀이형 학습 지원법

: 탐구 경험이 융합 사고의 씨앗이 된다

초등학생에게 과학은 공부가 아니라 '놀이'여야 한다

"우리 애는 과학 책은 좋아하는데 막상 교과서를 펴면 지루해해요." 초등 학부모들이 가장 많이 하는 고민입니다. 초등학생은 본래 호기심이 많고 놀이와 체험을 통해 배울 때 가장 폭발적인 학습 효과를 보입니다. 과학을 단순히 시험을 위해 외워야 할 '과목'으로 느끼게 하는 순간, 아이의 눈빛은 흐려집니다.

과학은 초등학생에게 '호기심을 자극하는 신나는 놀이'로 다가가야 합니다. 아이들은 활자로 된 이론보다 손으로 만지고 눈으로 확인하는 직접적인 경험을 통해 개념을 훨씬 깊게 이해합니다. 부모가 최고의 놀이 파트너가 되어 실험과 놀이를 병행할 때 아이는 과학적 사고력을 자연스럽게 근육처럼 키워나갈 수 있습니다.

일상을 실험실로 만드는 놀이 학습법

특별한 도구가 없어도 집 안의 모든 공간이 훌륭한 과학 실험실이 될 수 있습니다.

냉장고 앞에서의 열전도 실험

"왜 아이스크림은 얼음보다 빨리 녹을까?"라는 질문 하나면 충분합니다. 아이스크림과 얼음을 각각 꺼내놓고 녹는 속도를 관찰하며 '성분'과 '열전도'의 차이를 이야기해 보세요. 사실 아이스크림은 순수한 물이 아니라 설탕과 유지가 섞여 있어 얼음보다 어는점이 낮고 구조가 복잡합니다. 부모는 이런 정답을 바로 가르치기보다 "왜 그런 것 같아?"라고 물으며 아이가 스스로 가설을 세우도록 유도하는 것이 핵심입니다.

주방에서 배우는 화학 반응(요리 과학)

요리는 가장 재미있는 과학 활동입니다. 빵을 만들며 "왜 베이킹파우더를 넣으면 반죽이 부풀어 오를까?"라고 물어보세요. 베이킹파우더 속 성분들이 만나 이산화탄소를 만들어내고, 그 기체가 반죽 사이에 기포를 만들어 빵을 푹신하게 만든다는 원리를 가르쳐 줄 수 있습니다. 이 과정을 직접 눈으로 확인하고 입으로 맛보는 경험은 그 어떤 암기보다 강력한 학습이 됩니다.

빵을 부풀게 만드는 베이킹파우더(NaHCO₃)

실생활 속 질문으로 확장하는 사고력

과학은 교과서 밖, 우리 주변의 모든 현상에 숨어 있습니다.

자연 관찰 활동의 힘

자연은 그 자체로 완벽한 과학 학습 도구입니다. 산책길에 만나는 나뭇잎의 색 변화("왜 가을에는 나뭇잎이 울긋불긋 변할까?")나 줄을 지어 가는 개미("왜 개미는 자기 몸보다 무거운 음식을 나르지?") 등 작은 관찰에서 시작해 질문을 던지고 함께 답을 찾아가는 과정을 즐겨보세요.

자연 관찰: 나뭇잎의 색 변화　　　　줄 지어 가는 개미

일상 속 꼬리 질문으로 호기심 키우기

아이들은 일상 속에서 수많은 과학적 질문을 떠올립니다.

"왜 물은 얼면 부피가 커져서 페트병이 빵빵해질까?"

"왜 뜨거운 물로 샤워를 하면 욕실 거울이 뿌옇게 변할까?"

이러한 질문에 즉답을 주기보다 부모가 함께 탐구하며 대화를 이어 간다면 아이는 스스로 생각하고 탐구하는 소중한 경험을 쌓게 됩니다.

부모와 함께하는 '체험형' 과학 루틴

과학관 / 박물관 적극 활용하기

지역 과학관은 교과서 속 이론이 실제로 구현된 장소입니다. 직접 버튼을 누르고 장치를 작동시키며 아이는 과학을 친근한 친구처럼 느낍니다. 중요한 것은 방문 후의 '대화'입니다. "오늘 본 것 중에 가장 신기했던 게 뭐야?"라는 질문은 아이가 경험한 것을 머릿속에서 재정리하게 돕는 훌륭한 복습입니다.

함께 읽고 바로 실천하는 과학 책

그림이 풍부한 과학 책을 읽었다면, 거기서 멈추지 말고 책에 나온 간단한 실험을 그 자리에서 따라 해보세요. 이론을 눈앞에서 실체화하는 경험은 아이가 책의 내용을 스스로 설명하게 만드는 힘이 됩니다.

부모가 기억해야 할 열린 태도

초등 과학에서 가장 경계해야 할 것은 '정답 강요'입니다. 과학은 세상을 탐구하는 즐거운 여정이지, 정답만 골라내는 선다형 문제가 아닙니다. 부모는 아이의 엉뚱한 질문에도 열린 태도로 반응해 주어야 하며, 실험의 실패조차 "이걸 통해 새로 알게 된 건 뭐야?"라며 학습의 과정으로 품어주어야 합니다. 과학이 '즐거운 놀이'가 되는 순간, 아이는 배움의 기쁨을 스스로 찾아가는 멋진 과학자로 자라날 것입니다.

중학생의 자율성을 존중하며 학습 지원하기

: 개념 연결을 스스로 해내도록 돕기

중학생에게 필요한 것은 '지시'가 아닌 '공간'이다

"숙제 다 했니?", "이번 시험 범위는 다 훑었어?" 중학생 자녀를 둔 부모가 일상적으로 던지는 이 질문들이 아이에게는 학습 독려가 아닌 '영역 침범'으로 느껴진다는 사실을 알고 계십니까? 중학생 시기는 초등학생 시기와 달리 자신만의 사고방식과 독립성을 키워나가는 결정적인 때입니다. 이 시기에 부모의 과도한 개입은 학습 의욕을 고취시키기보다 오히려 심리적 저항을 불러일으키고 부모의 말을 단지 '잔소리'로 치부하게 만듭니다.

대치동에서 수많은 중학생을 지켜본 결과, 성적이 상위권으로 도약하는 아이들의 공통점은 부모가 학습의 주도권을 아이에게 넘겨주었을 때 나타났습니다. 부모는 이제 '관리자'의 옷을 벗고 아이가 스스로 계획을 세우고 실행할 수 있도록 지지하는 '전략적 동반자'가 되어야 합니다. 특히 중학교 과학의 복잡한 개념들을 아이 스스로 연결해 나갈 수 있도록 심리적·환경적 공간을 마련해 주는 것이 핵심입니다.

파편화된 암기를 넘어 '개념의 지도'를 그리게 하라

중학교 과학은 초등학교 과학에 비해 용어가 생소하고 다루는 개념이 매우 추상적입니다. 많은 학생들이 이 급격한 난이도 변화에 당황하며 과학을 '단순 암기 과목'으로 오해하기 시작합니다. 하지만 중학교 과학의 본질은 파편화된 지식을 외우는 것이 아니라, 서로 다른 개념들 사이의 인과 관계를 파악하는 '연결의 힘'에 있습니다.

부모는 아이가 단편적인 지식들을 하나의 흐름으로 엮을 수 있도록 가이드 역할을 해야 합니다. 예를 들어, 화학 반응을 배울 때 단순히 반응식을 외우게 하기보다 그것이 우리 주변의 어떤 현상과 맞닿아 있는지 질문을 던져보세요. 아이가 스스로 '아, 이 개념이 저 현상과 연결되는구나!'라는 깨달음을 얻는 순간, 뇌는 이를 장기 기억으로 저장하며 강력한 사고의 근육을 형성합니다. 스스로 개념의 지도를 그려본 경험이 있는 아이는 고등학교의 심화 과학 앞에서도 결코 무너지지 않습니다.

아이의 사고력을 깨우는 부모의 '질문 기술'

중학생 자녀의 자율성을 존중하면서도 학습의 방향을 잡아주는 가장 강력한 도구는 바로 '질문'입니다. 부모가 정답을 바로 알려주는 친절을 베푸는 순간, 아이의 뇌는 가동을 멈추고 수동적인 수용 모드로 전환됩니다.

결과가 아닌 과정을 묻는 질문

"이 문제의 답이 뭐야?" 대신 "이 문제를 해결하기 위해 네가 떠올린 첫 번째 개념은 무엇이었어?"라고 물어보세요.

개념 확장을 유도하는 질문

"이 공식 외웠어?" 대신 "이 원리가 네가 예전에 배웠던 그 현상과 어떤 공통점이 있는 것 같아?"라고 질문하세요.

실수를 성장의 기회로 바꾸는 질문

오답을 발견했을 때 "왜 틀렸어?"라고 질책하기보다 "어느 지점에서 개념이 엉켰을까? 다시 한번 연결의 고리를 찾아볼까?"라고 제안하는 것이 좋습니다.

이러한 질문은 아이의 사고력을 자극하며 스스로 문제를 해결하는 희열을 맛보게 합니다. 아이는 부모와의 대화를 통해 자신의 사고 과정을 점검하는 '메타인지' 능력을 기를 수 있으며, 이는 전 과목 성적 향상의 밑거름이 됩니다.

자율성을 지탱하는 '작은 성공'의 힘

중학생에게 자율성을 주는 것이 '방임'이 되지 않으려면 아이가 스스로 세운 계획 내에서 '작은 성공'을 경험하게 해야 합니다. 처음에는 계획이 엉성하고 시행착오를 겪는 것이 당연합니다. 이때 부모는 결과에 대한 비난을 멈추고 아이가 시도한 과정에 집중해 주어야 합니다.

"이번 실험 데이터 정리 방식은 정말 논리적이었어!", "스스로 계획을 세워 단원 하나를 끝낸 것 자체가 큰 발전이야!"와 같은 구체적인 피드백은 아이가 학습의 주도권을 갖게 만드는 강력한 연료가 됩니다. 부모가 적절한 거리에서 믿고 지지해 줄 때 아이는 비로소 과학을 통해 세상을 이해하고 스스로 미래를 설계하는 주체적인 인재로 성장할 수 있습니다.

7장

과학 공부로 열어가는 아이의 가능성

: 융합 사고는 과학을 넘어 확장된다

과학에서 시작해
모든 과목으로

: 사고력은 과목을 가리지 않는다

대치동에서 28년이라는 긴 시간 동안 수만 명의 아이를 만나며 제가 가장 많이 들어본 질문은 의외로 단순합니다. "과학 공부를 열심히 하면 정말 다른 과목 성적도 오를까요?"라는 것입니다. 입시라는 치열한 전쟁터에서 과학은 흔히 수학이나 영어에 밀려 뒷전이 되기 일쑤지만, 제가 현장에서 목격한 진실은 전혀 다릅니다. 과학은 단순히 물리나 화학 공식을 외우는 과목이 아닙니다. 문제를 정의하고, 가설을 세우고, 데이터를 통해 논리적 결론을 도출하는 '사고의 체계' 그 자체를 배우는 과정이기 때문입니다. 이 체계가 한 번 몸에 익은 아이는 수학의 함수를 대할 때나 국어의 난해한 비문학 지문을 읽을 때도 완전히 다른 태도를 보입니다.

과학적 탐구 과정이 전 과목으로 확장되는 가장 큰 이유는 바로 '융합적 사고력'에 있습니다. 오늘날 교육 현장에서 강조하고 있는 융합교육(STEAM: Science, Technology, Engineering, Arts, Mathematics)의 본질도 바로 여기에 있습니다. 과학적 원리를 탐구하는 과정은 본질적으로 국어적 독해력과 수학적 분석력을 동시에 요구합니다. 예를 들어, "왜 물은 얼면 부피가 늘어날까?"라는 단순한 호기심을 해결하기 위해 아이는 물 분자의 구조를 이해(과학)하고, 부피의 변화량을 수치화(수학)하며, 그 결과를 논리적인 문장으로 기술(국어)해야 합니다. 이 과정이 반복되다 보면 과목 간의 경계는 무너지고 아이의 머릿속에는 어떤 문제든 논리적으로 풀어낼 수 있는 '사고의 지도'가 그려집니다.

이러한 지적 성장은 아이의 심리적 태도에도 거대한 변화를 불러옵니다. 과학은 아이들에게 세상을 향해 "왜?"라고 묻고 스스로 답을 찾아내는 짜릿한 성공의 경험을 선사합니다. 실생활의 의문을 실험으로 증명해 본 아이가 느끼는 지적 성취감은 그 무엇과도 바꿀 수 없는 강력한 자산이 됩니다. 심리학에서 말하는 '자기효능감'이 형성되는 순간입니다. 과학에서 '나도 하면 되는구나!'라는 확신을 얻은 아이는 그 긍정적인 에너지를 수학이나 영어처럼 어렵게만 느꼈던 다른 과목으로 고스란히 전이시킵니다. '과학이 재밌으니 다른 공부도 해볼 만하다'라는 마인드 세트는 뒷심이 필요한 고등 입시에서 성패를 가르는 결정적인 차이를 만듭니다.

더 나아가 과학 학습은 학습 효율의 끝판왕이라 불리는 '메타인지' 능력을 기르는 데 최적의 토양이 됩니다. 실험 결과가 예상과 다르게 나왔을 때 아이는 좌절하는 대신 "내 가설의 어디가 틀렸을까?", "어떤 변수를 놓쳤을까?"라고 스스로 질문하며 자신의 사고 과정을 점검합니다. 이처럼 자신의 지식 상태를 객관적으로 파악하고 수정하는 능력은 전 과목 학습의 효율성을 극대화하는 가장 강력한 무기가 됩니다. 과학을 통해 단단해진 사고의 근육은 단순히 시험 성적을 올리는 기술을 넘어 복잡한 현대 사회의 문제를 비판적으로 바라보고 대안을 찾아내는 삶의 태도로 이어집니다.

과학 공부의 종착지는 단순히 높은 점수가 아니라 세상을 이해하고 문제를 해결하는 논리적인 눈을 갖는 데 있습니다. 데이터를 분석하고 비판적으로 사고하며 창의적인 대안을 고민하는 힘은 과목을 가리지 않습니다. 기후변화나 인공지능 같은 거대 담론을 과학적 시각으로 이해하고 자신의 견해를 정립하는 아이는 이미 학업적 성취를 넘어 미래 사회가 요구하는 진정한 인재의 모습에 닿아 있습니다. 과학은 아이가 자신의 무한한 가능성을 발견하고 그 지평을 모든 학문과 삶의 영역으로 넓혀가는 가장 완벽하고 든든한 출발점이 되어줄 것입니다. 28년 대치동 현장에서 제가 확신한 이 진리가 아이의 미래를 여는 열쇠가 되길 진심으로 바랍니다.

즐거움을 발견하는 과정으로서의 과학

: 이해하는 공부가 오래간다

대치동에서 28년이라는 긴 시간 동안 학생들을 가르치며 제가 목격한 가장 안타까운 모습은, 과학을 그저 점수를 따기 위해 억지로 삼켜야 하는 '암기 덩어리'로 취급하며 고통스럽게 공부하는 아이들의 표정이었습니다. 하지만 제가 현장에서 확신하는 진실은 전혀 다릅니다. 과학은 단순히 시험지에 정답을 적어 넣기 위한 과목이 아닙니다. 과학은 아이들이 세상을 향해 끊임없이 질문을 던지고 그 질문에 대한 답을 스스로 찾아가며 지적 희열을 느끼게 하는 '탐구의 여정' 그 자체입니다. 과학 학습이 가져다주는 이 본질적인 즐거움을 깨닫는 순간 아이들은 비로소 공부의 주인이 되며, 그 힘은 비단 과학에만 머물지 않고 모든 배움의 강력한 도화선이 됩니다.

과학의 시작은 거창한 이론이 아니라 우리 곁의 아주 사소한 일상에서 비롯됩니다. "왜 비 오는 날 도로는 더 미끄러울까?"라는 질문 하나를 떠올려 보세요. 한국과학창의재단(KOFAC)의 여러 연구가 일관되게 밝히듯, 실생활과 연결된 과학 학습은 아이들의 학습 동기를 폭발적으로 향상시킵니다. 이 질문을 해결하기 위해 아이는 마찰력이라는 물리적 원리를 파고들고, 실험 데이터를 정리하며 수학적 사고력을 발휘하고, 자신의 결론을 논리적인 문장으로 기술하며 국어적 표현력을 다듬습니다. OECD가 강조하는 '탐구 기반 학습(Inquiry-based Learning)'(Dumont et al., 2010)의 핵심이 바로 여기에 있습니다. 스스로 질문을 설정하고 탐구 과정을 설계해 본 경험은 학습의 지속성을 높일 뿐만 아니라, 어떠한 난관 앞에서도 굴하지 않는 문제해결 능력을 선물합니다.

이러한 탐구의 과정은 현대 교육의 정점이라 불리는 '메타인지'를 기르는 데 최적의 토양이 됩니다. 미국의 발달심리학자 존 플라벨(John H. Flavell)이 정의한 '메타인지'는 자신의 사고 과정을 객관적으로 인식하고 조절하는 능력입니다. 과학 실험은 이 메타인지를 훈련하기에 더없이 좋은 환경입니다. "왜 물은 얼면 부피가 늘어날까?"라는 질문을 탐구하다 실험 결과가 예상과 다르게 나왔을 때 메타인지가 작동하는 아이는 좌절하지 않습니다. 대신 "내 가설의 어느 지점이 논리적으로 틀렸을까?", "실험 조건을 어떻게 바꿔야 할까?"라고 끊임없이 자문하며 학습의 방향을 수정합니다. 이처럼 실패를 '틀린 것'이 아닌 '배움의

데이터'로 치환하는 자기조절 능력은 수학의 킬러 문항이나 국어의 복합 지문을 대할 때 놀라운 뒷심으로 작용하며 학문적 성과를 극대화합니다.

무엇보다 과학은 아이들에게 '작은 성공'이 주는 자신감을 가르쳐 줍니다. 미국의 심리학자 앨버트 반두라(Albert Bandura)가 강조한 '자기효능감'은 아주 사소한 성취의 기억에서 시작됩니다. 풍선의 바람이 특정 조건에서 왜 천천히 빠지는지 스스로 알아낸 아이는 '나도 문제를 해결할 수 있는 사람이다'라는 강력한 자부심을 얻습니다. 이 작은 승리의 기록은 과학이라는 담장을 넘어 수학, 사회, 역사 등 모든 학문으로 번져나갑니다. 과학에서 맛본 성공의 기억이 다른 모든 과목에서의 도전을 두려워하지 않게 만드는 원동력이 되는 것입니다. 실패를 배움의 일부로 받아들이고 다시 일어서서 답을 찾아내는 끈기야말로 과학이 아이에게 줄 수 있는 가장 값진 유산입니다.

하워드 가드너(Howard Gardner)의 다중지능 이론이 설명하듯, 과학은 논리-수학적 지능부터 언어적 지능, 자연탐구 지능을 동시에 자극하는 종합 학문입니다. 데이터를 분석하고 결과를 도출하며 이를 발표하는 모든 과정은 전 과목의 기초 체력이 됩니다. 과학 공부는 단순히 한 과목의 점수를 올리는 행위가 아니라, 세상을 이해하고 탐구하는 즐거운 시각을 갖추는 과정입니다. 암기로 쌓은 지식은 시험이 끝나면 사라지지만, 이해와 탐구를 통해 얻은 사고의 근육은 평생을 갑니다. 아이들의 "왜?"라는 질문을 귀하게 여기고 그 탐구의 여정을 지지해 줄 때, 우리 아이들은 세상을 깊이 있게 이해하고 스스로 길을 개척하는 진정한 과학자로 성장할 것입니다. 이해하는 공부는 결코 배신하지 않으며, 그 즐거움을 아는 아이는 멈추지 않고 성장할 것입니다.

미래를 여는 과학

: 학습에서 진로로 이어지는 연결

대치동 강의실에서 수많은 제자가 성인이 되어 사회로 진출하는 뒷모습을 지켜보며 제가 얻은 단 하나의 확신이 있습니다. 학창 시절 과학을 통해 '사고의 메커니즘'을 체득한 아이들은, 훗날 전공이 공학이든 경영이든 혹은 예술이든 관계없이 자기 분야에서 독보적인 존재감을 드러낸다는 사실입니다. 과학 공부는 단순히 이과생들이 대학에 가기 위해 거쳐야 하는 통과 의례가 아닙니다. 그것은 급변하는 미래 사회에서 아이가 어떤 직업을 갖더라도 생존하고 승리할 수 있게 해주는 가장 강력한 '지적 무기'의 집약체입니다. 학습의 현장에서 시작된 작은 호기심이 어떻게 한 아이의 진로를 결정짓고 인생의 항로를 바꾸는 결정적인 열쇠가 되는지, 그 필연적인 연결고리를 이제는 부모님들이 깊이 있게 들여다보아야 할 때입니다.

현대 사회가 요구하는 인재상은 더 이상 지식을 많이 암기한 '데이터 뱅크'가 아닙니다. OECD가 제시한 미래 교육의 핵심 가치인 '학습자 주체성(Student Agency)'(OECD, 2018)은 방대한 정보 속에서 의미 있는 가설을 추출하고 이를 비판적으로 분석하여 창의적인 대안을 제시하는 능력을 의미합니다. 과학 학습은 이 역량을 기르기에 최적의 훈련소입니다. 실험을 통해 가설을 검증하고, 예상치 못한 변수가 발생했을 때 원인을 분석하여 궤도를 수정하는 경험은 결코 실험실 안에서만 유효하지 않습니다. 마케팅 기획안의 허점을 찾아낼 때, 새로운 비즈니스 모델의 수익성을 시뮬레이션할 때, 혹은 복잡한 사회적 갈등을 중재할 때도 과학적으로 사고하는 습관을 지닌 이들은 데이터에 기반해 냉철하게 상황을 판단하고 가장 효율적인 해결책을 도출해냅니다. 과학 공부가 곧 '미래의 생존 전략'이 되는 셈입니다.

이러한 사고력의 확장은 아이의 진로 선택권을 획기적으로 넓혀줍니다. 하워드 가드너(Howard Gardner)가 제안한 다중지능 중 자연탐구 지능과 논리-수학적 지능이 과학을 통해 단단해진 아이들은 세상을 훨씬 입체적으로 조망합니다. 이는 단순히 의사나 연구원이라는 전통적인 직업군에 국한되지 않습니다. 기후위기에 대응하는 환경정책 전문가, 인공지능의 도덕적 한계를 설계하는 법률가, 방대한 데이터를 예술로 승화시키는 데이터 아티스트처럼 기존의 문법으로는 설명할 수 없는 새로운 직업군에서도 과학적 기초 체력은 필수적입니다. 과학 공부를 통해 얻은 '이해의 희열'은 아이가 미래의 불확실성을 거부감이 아닌 탐구의 대상으로 바라보게 만드는 심리적 자산이 되며, 이는 곧 직업적 경쟁력으로 직결됩니다.

또한 과학은 아이들에게 실패를 대하는 가장 건강한 태도인 '회복탄력성'을 가르쳐 줍니다. 인류 역사상 위대한 과학적 발견 중 실패 없이 단 한 번에 이루어진 것은 하나도 없습니다. 실패는 배움의 종말이 아니라, 더 정교한 답을 찾기 위해 반드시 거쳐야 하는 데이터 축적의 과정입니다. 과학 공부에서 이 원리를 몸소 체험하며 자란 아이들은 진로를 개척하는 과정에서 부딪히는 수많은 좌절 앞에서도 쉽게 무너지지 않습니다. 앨버트 반두라(Albert Bandura)가 강조한 자기효능감은 '내가 문제를 정의했고, 결국 나는 이 문제를 해결해낼 것이다'라는 단단한 믿음에서 나옵니다. 과학에서 맛본 작은 성공의 기억들이 모여, 아이는 자신의 진로를 타인의 지시에 의해서가 아니라 스스로의 의지로 개척해 나가는 주체적인 삶의 주인공이 됩니다.

과학 공부의 최종 목적지는 성적표에 찍힌 숫자가 아니라 아이가 살아갈 머나먼 미래를 밝히는 등불이 되는 데 있습니다. 과학은 아이가 세상에 던지는 질문에 답하는 법을 가르쳐 주고, 그 과정을 통해 아이의 잠재력을 무한히 확장시킵니다. 부모와 교육자가 해야 할 진정한 역할은 아이의 엉뚱한 질문을 격려하고, 탐구의 여정을 지지하며, 과학이라는 도구가 아이의 진로와 인생에서 얼마나 강력한 엔진이 될 수 있는지 확신을 주는 것입니다. 과학에서 시작된 사고력이 아이 앞에 놓인 모든 문을 여는 열쇠가 될 것이라는 믿음, 그 믿음이 아이의 미래를 바꾸는 가장 강력한 동력이 되길 진심으로 응원합니다.

과학 학습을 통해
세상을 바라보는 시각 넓히기

: 융합적 관점의 시작

강의실에서 아이들을 마주하다 보면, 어느 순간 아이의 눈빛이 투명해지며 '아!' 하고 깨닫는 찰나를 만날 때가 있습니다. 저는 그 순간을 '지적 해상도가 높아지는 지점'이라 부릅니다. 이전까지 아이에게 세상이 흑백의 평면적인 배경 화면이었다면, 과학이라는 정교한 렌즈를 끼는 순간 모든 사물의 인과관계가 고화질의 입체 화면으로 보이기 시작하는 것입니다. 우리가 아이에게 과학을 가르치는 본질적인 이유는 단순히 시험 문제를 맞히거나 공식을 외우기 위해서가 아닙니다. 아이가 성인이 되어 마주할 복잡한 세상의 난제들 앞에서 현상의 이면을 꿰뚫어 보고 자신만의 논리로 답을 내릴 수 있는 '지적 자립심'을 길러주기 위해서입니다.

　대치동이라는 치열한 교육의 중심부에서 수만 명의 상위권 아이들을 지켜보며 제가 얻은 결론은 명확합니다. 진짜 공부를 잘하는 아이들, 이른바 '상위 1%'라 불리는 아이들은 과목을 칸막이로 나누지 않습니다. 그들에게 과학은 국어 지문을 읽을 때 논리적 개연성을 찾는 정교한 도구이며, 수학 문제를 풀 때 최적의 경로를 설계하는 밑그림입니다. 융합적 관점이란 바로 이런 것입니다. 인공지능이 인간의 일자리를 대체한다는 뉴스를 접했을 때, 단순히 막연한 공포를 느끼거나 기술의 신기함에만 머무는 아이와 알고리즘의 논리 구조를 궁금해하고 그것이 인간의 사고 체계와 어떻게 닮았는지 분석하며 인문학적 가치를 고민하는 아이 중 누가 미래의 주인공이 될까요? 과학은 이처럼 파편화된 정보를 하나의 거대한 맥락으로 엮어내는 '사고의 용광로' 역할을 수행합니다.

　실제로 과학적 탐구 과정에서 길러진 사고력은 강의실 밖 일상에서 가장 강력한 힘을 발휘합니다. 마트에서 식재료를 고르며 성분표의 변화를 읽어낼 때도, 복잡한 사회적 이슈나 경제 지표의 흐름을 분석할 때도, 과학적으로 사고하는 훈련이 된 아이들은 남들이 보지 못하는 이면의 패턴을 읽어냅니다. 모든 현상에는 반드시 원인이 있고, 그 원인을 분석하면 결과를 예측할 수 있다는, 이 담백하고도 강렬한 진리를 몸소 체험한 아이들은 뜬구름 잡는 감성적 선동에 쉽게 휘둘리지 않습니다. 데이터에 기반해 냉철하게 상황을 판단하는 실증적 태도는 입시라는 관문을 넘어 아이가 어떤 직업을 갖더라도 그 분야에서 대체 불가능한 전문가로 성장하게 만드는 핵심 자산이 됩니다. 과학은 아이가 세상을 오독(誤讀)하지 않게 도와주는 가장 확실한 나침반입니다.

더 나아가 제가 학부모들에게 강조하고 싶은 과학의 진짜 가치는 '실패를 대하는 우아한 태도'입니다. 실험실에서 가설이 틀리는 것은 실패가 아니라 새로운 데이터를 얻는 가치 있는 과정입니다. 대치동의 치열한 경쟁 속에서 정답 하나에 일희일비하며 작은 실수에도 무너지는 아이들은 대개 '실패할 자유'를 충분히 누려보지 못한 아이들입니다. 하지만 스스로 가설을 세우고 수십 번의 시행착오를 겪으며 결론에 도달해 본 아이는 실패 앞에서 당황하지 않습니다. "어디서 오차가 발생했지?", "어떤 변수를 내가 놓쳤을까?"라고 냉정하게 스스로에게 질문하며 다시 시작하는 힘, 즉 회복탄력성이 과학을 통해 길러지는 것입니다. 이 지적인 담대함이야말로 융합 인재가 갖춰야 할 최고의 덕목이자, 부모가 아이에게 줄 수 있는 가장 값진 유산입니다.

결국 과학 학습의 마침표는 성적표에 찍힌 숫자가 아니라 세상을 향해 멈추지 않고 "왜?"라고 묻는 아이의 살아있는 눈빛이어야 합니다. 부모의 역할은 단순히 지식을 아이의 머릿속에 밀어넣는 것이 아니라, 아이가 던지는 엉뚱한 질문이 융합의 싹이 될 수 있도록 비옥한 토양을 마련해 주는 든든한 조력자가 되는 것입니다. 과학은 암기가 아니라 세상을 사랑하고 탐구하는 가장 정교하고 우아한 방식입니다. 이해하는 공부는 아이의 뇌를 깨우고, 그 깨어난 뇌는 결코 이전의 좁은 시각으로 돌아가지 않습니다.

　이 확신이 아이의 가슴에 새겨질 때 비로소 우리는 미래 사회를 주도할 진정한 인재의 탄생을 목격하게 될 것입니다. 28년이라는 시간 동안 제가 현장에서 기록한 수많은 기적들이 증명하듯, 과학에서 시작된 시각의 확장은 아이의 인생을 바꾸는 가장 위대한 도약이 될 것입니다. 이해하는 공부의 힘을 믿으세요. 그 즐거움을 스스로 발견한 아이의 앞날에는 그 어떤 한계도 존재하지 않습니다. 과학은 아이가 세상이라는 거대한 무대에서 당당하게 자신의 길을 찾아가게 만드는 가장 확실한 지도가 되어줄 것입니다.

과학이 주는 삶의 도구

: 문제를 바라보는 힘

"원장님, 이 어려운 과학 공부가 나중에 제 인생에서 정말 쓸모가 있을까요?"

강의실에서 아이들을 마주하다 보면 가끔 이와 같이 가슴을 찌르는 질문을 받을 때가 있습니다.

입시라는 높은 벽 앞에서 당장 점수 올리기에 급급한 아이들에게는 이 질문이 생존의 문제일지도 모릅니다. 하지만 28년간 저를 거쳐 간 수많은 제자들이 어른이 되어 사회에서 제 몫을 해내는 모습을 지켜보며, 저는 이제 확신을 가지고 답할 수 있습니다. 과학 공부가 남기는 진정한 유산은 교과서 속 지식이 아니라, 세상을 살아가며 마주할 수많은 '문제'를 바라보고 해결해 나가는 단단한 힘 그 자체라는 사실입니다.

10년 전 가르쳤던 정우(가명)가 반도체 회로 설계 엔지니어가 되어 학원을 찾아왔을 때 들려준 이야기는 매우 인상적이었습니다. 회사에서 복잡한 시스템 오류가 발생했을 때 대부분의 동료들은 당황하며 "어떻게 해결하지?"라는 결과에 매몰되었는데, 정우는 전혀 다른 접근법을 취했다고 합니다. 그는 가장 먼저 문제를 최소 단위로 쪼개기 시작했습니다. 무엇이 변수인지, 내가 통제할 수 있는 조건은 무엇이며, 측정 가능한 수치는 어디까지인지 분석하는 과정, 그것은 바로 중학교 과학 시간에 수없이 반복했던 실험 설계의 논리였습니다. 정우가 기억하는 것은 옴의 법칙 공식이 아니라, 복잡한 덩어리를 분해해 논리적으로 해결해 가는 '사고의 근육'이었습니다.

이러한 과학적 사고는 의학의 현장에서도 빛을 발합니다. 이제는 전공의가 된 수진이(가명)는 환자를 진단하는 과정이 중학교 때 배웠던 과학 탐구의 과정과 놀라울 정도로 닮아있다고 말합니다. 환자의 증상을 관찰하고 가설을 세운 뒤 각종 검사 데이터를 통해 이를 확인하고, 만약 결과가 예상과 다르다면 다시 새로운 가설을 세워 원인을 추적하는 일련의 과정 말입니다. 수진이가 학창 시절 배운 광합성 공식은 흐릿해졌을지 몰라도, "왜?"라는 의문을 끝까지 밀어붙여 원인을 밝혀내려는 집요한 습관은 계속 손끝에 남아 환자의 생명을 살리는 귀중한 도구가 되어 있었습니다.

과학적 사고력의 확장은 이공계열의 전공자들에게만 국한되지는 않습니다. 경영학과를 졸업하고 컨설팅 회사에서 일하는 민지(가명)는 데이터를 분석할 때 숫자 이면의 맥락을 읽어내는 능력이 탁월하다는 평가를 받습니다. 그녀는 단순히 그래프의 수치에 매몰되지 않고, "이 숫자가 도출된 실험군과 대조군은 적절했는가?", "결과에 영향을 준 외생 변수는 통제되었는가?"를 끊임없이 되묻습니다. 학창 시절 실험 보고서를 쓰며 결과의 유의미함을 따져보던 그 사소한 습관이 지금은 수조 원이 오가는 기업의 의사결정을 돕는 날카로운 통찰력이 된 것입니다.

이처럼 과학이 주는 삶의 도구는 우리 일상의 아주 사소한 순간들 속에서도 끊임없이 작동합니다. 가전제품이 고장 났을 때 전원부터 부품까지 하나씩 변수를 제거하며 원인을 찾는 태도, 넘쳐나는 건강 정보와 유튜브의 자극적인 뉴스 앞에서 표본의 크기와 대조군의 존재를 따져보며 중심을 잡는 비판적 시각, 나아가 대인 관계의 갈등 상황에서도 감정적으로 대응하기보다 상대방의 반응 원인을 분석적으로 들여다보는 차분함까지. 이 모든 것이 과학적 사고라는 토양 위에서 피어나는 삶의 지혜들입니다. 과학을 배운 사람은 세상의 복잡함 앞에서 쉽게 휘둘리지 않는 주체적인 삶의 자세를 갖게 됩니다.

특히 인공지능이 모든 질문에 답을 내놓는 시대일수록 과학적으로 질문하는 능력은 대체 불가능한 역량이 됩니다. AI는 스스로 "왜?"라고 묻지 않습니다. 오직 인간만이 "이 데이터가 정말 신뢰할 만한가?", "우리가 놓치고 있는 변수는 없는가?"라는 근원적인 질문을 던질 수 있습니다. 과학 공부는 바로 그 질문하는 법을 훈련하는 과정입니다. 28년 제자들의 삶이 증명하듯, 중학교 때 "왜?"를 묻던 아이들은 어른이 되어서도 자신의 삶에 정직한 질문을 던지며 더 나은 판단을 내리는 해결사로 살아갑니다. 시험 점수는 시간이 지나면 잊혀지지만, 과학이 남긴 문제를 바라보는 힘은 아이의 평생을 지탱하는 가장 큰 선물이 될 것입니다.

부모와 아이가 동반 성장하는 과학 학습

: 함께 배우는 여정

교육의 심장부라 불리는 대치동에서 28년이라는 세월을 보내며 저는 수많은 기적 같은 합격 수기 뒤에 가려진 서글픈 풍경들을 목격해 왔습니다. 아이의 성적표를 사이에 두고 부모와 자녀가 날 선 언어로 서로에게 상처를 입히고, 결국 배움의 즐거움보다 입시라는 전쟁터에서의 생존만을 강요받는 모습들입니다. 부모는 아이의 미래가 걱정되어 '정답'이라는 채찍을 휘두르고, 아이는 그 압박 속에서 과학의 본질인 '질문'하는 법을 거세당합니다. 하지만 제가 현장에서 본 진정한 교육의 반전은 부모가 완벽해야 한다는 강박을 내려놓고 아이의 탐구 여정에 기꺼이 동행하는 '학습 파트너'가 되었을 때 비로소 시작되었습니다.

우리는 흔히 부모가 모든 답을 알고 있어야 하며, 아이의 질문에 즉각적인 해답을 내놓아야 한다는 지적 권위의 함정에 빠지곤 합니다. 아이가 "하늘은 왜 파란색이야?" 혹은 "식물은 어떻게 물을 마셔?"라고 물을 때 당황하며 검색창을 켜거나 "나중에 학교 가서 배워"라고 넘겨버리는 이유도 그 때문입니다. 그러나 과학적 사고의 씨앗은 부모의 유창한 설명이 아니라, 부모의 "글쎄, 왜 그럴까? 우리 같이 찾아볼까?"라는 한마디에서 싹트기 시작합니다. 부모가 정답을 알려주는 해결사에서 함께 답을 찾아가는 탐험가로 변모할 때, 아이는 비로소 실패를 두려워하지 않고 자신의 엉뚱한 가설을 세상에 던질 수 있는 지적 용기를 얻습니다. 부모의 '모름'은 아이에게 '사고의 공간'을 열어주는 최고의 교육적 도구가 됩니다.

과학을 매개로 한 부모와 아이의 동반 성장은 아이에게 '배움의 태도'를 몸소 보여주는 가장 강력한 교육입니다. 아이는 부모의 입술이 아니라 부모의 뒷모습을 보고 성장합니다. 어려운 문제 앞에서 함께 머리를 맞대고 자료를 찾아보며, 실험 결과가 예상과 다르게 나왔을 때 비난 대신 "이건 실패가 아니라 우리가 미처 몰랐던 새로운 변수를 발견한 거야"라고 웃어넘기는 부모의 여유는 그 어떤 고액 과외보다 아이의 회복탄력성을 단단하게 만듭니다. 이러한 경험은 심리학자 앨버트 반두라가 강조한 자기효능감의 가장 깊은 뿌리가 됩니다. 부모와 함께 문제를 정의하고 해결해 본 기억이 있는 아이는, 훗날 홀로 난관에 부딪혔을 때도 부모와 나누었던 그 따뜻한 지적 교감의 에너지를 떠올리며 다시 일어설 힘을 얻기 때문입니다.

더 나아가 이러한 여정은 부모 자신에게도 삶을 재정의하는 성장의 기회를 제공합니다. 아이의 눈높이에서 세상을 바라보려 노력하는 과정은 부모의 경직된 관점을 확장시키고, 오직 결과와 성과만을 쫓던 숨 가쁜 일상에서 과정의 소중함을 발견하는 여유를 선사합니다. 아이가 과학적 원리를 깨닫고 눈을 반짝이는 찰나의 순간을 함께 공유하는 것은 부모에게도 삶의 커다란 경이로움이자 보람입니다. 공부가 더 이상 아이를 다그치고 관리하는 수단이 아니라 서로의 생각을 나누는 즐거운 대화의 장이 될 때, 가정은 입시를 위한 전초 기지가 아닌 진정한 배움의 요람으로 거듭납니다. 과학은 이처럼 차가운 이성의 학문인 듯 보이지만, 사실은 부모와 아이를 가장 뜨겁게 이어주는 공감의 언어입니다.

많은 부모님이 제게 묻습니다. "원장님, 대치동 아이들은 뭐가 다른가요?" 제 대답은 늘 같습니다. 끝까지 살아남아 자신의 꿈을 이루는 아이는 부모가 지시하는 길을 가는 아이가 아니라, 부모와 함께 질문하며 성장의 즐거움을 공유한 아이입니다. 부모의 역할은 아이를 대신해 산을 오르는 것이 아니라, 아이가 산을 오르다 지쳤을 때 잠시 쉬어갈 수 있는 든든한 베이스캠프가 되어주는 것입니다. 그리고 가끔은 아이가 발견한 신기한 돌멩이 하나에 함께 감탄해 주는 동료 등반가가 되어야 합니다. 그 사소한 공감이 아이의 뇌를 깨우고, 그 깨어난 뇌는 결코 이전의 좁은 시각으로 돌아가지 않습니다.

이 책을 통해 제가 전하고 싶은 진심은 과학 공부의 종착지는 명문대 합격증이 아니라, '평생 배움의 즐거움을 아는 인간'으로 성장하는 데 있다는 점입니다. 28년 대치동의 기록이 제게 남긴 것은 수많은 합격 사례 수치가 아니라, 배움의 과정에서 부모와 아이가 나누었던 신뢰와 성장의 눈빛들이었습니다. 아이의 엉뚱한 질문을 귀하게 여기고 그 탐구의 길에 기꺼이 손을 잡고 걸어주세요. 이해하는 공부는 아이의 사고를 깨우고, 함께하는 배움은 아이의 영혼을 채웁니다. 과학이라는 경이로운 도구를 통해 부모와 아이가 함께 넓은 세상을 향해 나아가는 그 눈부신 동반 성장의 여정을 진심으로 응원합니다.

과학으로 세상을
보는 눈 키우기

중학교 2학년 지민이(가명)가 어느 날 수업 전에 물었습니다.

"원장님, 유튜브에서 봤는데 레몬수 마시면 몸이 알칼리성으로 바뀐대요. 진짜예요?"

저는 바로 답을 주지 않았습니다. 대신 물었습니다.

"레몬이 산성이야, 알칼리성이야?"

"산성이요. pH 2~3 정도요."

"그러면 산성인 레몬을 먹었는데 몸이
알칼리성으로 바뀐다는 게 말이 돼?"

"…이상하긴 한데요."

"우리 몸의 혈액 pH는 얼마지?"

"7.4 정도요. 항상 일정하게 유지된다고 배웠어요."

"그러면?"

지민이가 잠깐 생각하더니 말했습니다.

"그 영상 이상한 거 아니에요? 혈액 pH가 음식 먹는다고 바뀌면 큰일 나잖아요."

수업 시간에 배운 항상성 개념을 스스로 적용한 것입니다. 이것이 과학으로 세상을 보는 눈입니다.

유튜브를 의심하는 아이

중학교 3학년 현수(가명)가 유튜브 영상을 보고 질문했습니다.

"원장님, 콜라에 고기 넣으면 녹잖아요. 그러면 콜라 마시면 위에서도 녹는 거 아니에요? 뼈도 녹는다던데요."

현수는 중학교 때 산과 염기를 배웠습니다. 콜라가 산성이라는 것, pH가 낮을수록 강한 산이라는 것을 알고 있었습니다. 저는 되물었습니다.

"콜라 pH가 얼마쯤 되지?"

"2.5 정도요."

"위산 pH는?"

"1에서 2 사이요. 훨씬 강한 산이네요."

"그러면 콜라보다 위산이 더 강한 산인데, 왜 우리 위벽은 안 녹을까?"

현수가 생각하더니 대답했습니다.

"위벽에 뭔가 보호하는 게 있어서요? 점막이요."

맞습니다. 위 점막이 위산으로부터 위벽을 보호합니다. 콜라가 고기를 녹이는 건 사실이지만, 그걸 '콜라가 뼈를 녹인다'로 비약하는 건 과학적으로 틀린 주장입니다. 위산이 콜라보다 훨씬 강한데도 우리 몸은 멀쩡하니까요. 유튜브 영상을 그냥 믿지 않고 배운 개념으로 따져보는 습관, 이것이 과학 교육의 진짜 목적입니다.

뉴스를 다르게 읽는 아이

중학교 3학년 서연이(가명)가 뉴스 기사를 들고 왔습니다.

"원장님, 이 기사에서 'A 식품을 먹은 그룹이 B 그룹보다 암 발생률이 30% 낮았다'고 하는데, 이거 믿어도 돼요?"

서연이는 통제 변인 개념을 알고 있었습니다. 실험에서 하나의 변인만 바꾸고 나머지는 같게 해야 정확한 결과가 나온다는 것을 배웠으니까요.

"두 그룹이 A 식품 말고 다른 조건은 다 같았을까? 나이, 운동량, 다른 식습관은?"

"기사에 안 나와 있어요."

"표본 수는 몇 명이야?"

"200명이래요."

"200명으로 30% 차이가 의미 있는 건지 어떻게 알 수 있을까?"

서연이는 그 기사를 바로 믿지 않게 되었습니다. 대신 원본 연구를 찾아봤습니다. 실제로는 여러 변인이 통제되지 않은 관찰 연구였고, 기사 제목은 과장된 것이었습니다.

과학을 배운 아이는 뉴스를 다르게 읽습니다. 숫자를 보면 '어떻게 측정했지?', 결과를 보면 '다른 변인은 통제됐나?', 주장을 보면 '근거가 뭐지?'를 생각합니다.

일상이 달라진다

과학으로 세상을 보는 눈이 생기면 일상이 달라집니다. 마트에서 '무첨가', '천연', '과학적으로 입증됨'이라는 문구를 보면 그냥 넘어가지 않습니다. 뭐가 첨가 안 됐다는 건지, 천연이면 안전한 건지, 어떤 실험으로 입증됐는지 따집니다. 친구가 "어제 꿈에서 시험 망치는 꿈 꿨는데 진짜 망했어. 꿈이 미래를 예언하나 봐"라고 하면, '시험 망친 날만 기억나고 안 망친 날은 기억 안 나는 거 아니야? 확증 편향이라고 배웠는데'라고 생각합니다. 비 오는 날 "비 맞으면 감기 걸려"라는 말을 들으면 '감기는 바이러스로 걸리는 건데, 비가 직접 원인은 아니지 않나? 체온이 떨어져서 면역력이 낮아지는 건가?'를 생각합니다. 이것들이 과학 점수와 상관있을까요? 없습니다. 하지만 이것이 세상을 제대로 이해하는 힘입니다.

질문하는 습관이 남는다

과학 수업에서 가장 많이 하는 말이 있습니다. "왜 그렇게 생각해?" "근거가 뭐야?" "다르게 생각해 볼 수 있을까?"

이 질문들이 아이들 머릿속에 남으면 세상을 대하는 태도가 바뀝니다. 누가 뭘 주장하면 "왜?"를 묻고, 정보를 접하면 "근거가 뭐지?"를 따지고, 문제가 생기면 "다른 방법은 없을까?"를 생각합니다. 이러한 태도는 과학 시험 잘 보는 것보다 훨씬 중요합니다. 시험은 끝나면 잊혀지지만, 이 습관은 평생 갑니다.

지민이는 이제 유튜브 건강 정보를 그냥 믿지 않습니다. 현수는 광고 문구를 의심합니다. 서연이는 뉴스 기사의 수치를 따집니다. 이 아이들이 어른이 되면 어떻게 될까요? 거짓 정보에 휘둘리지 않는 어른이 될 겁니다. 스스로 판단하는 어른이 될 겁니다. 그것이 과학 교육의 진짜 목표입니다.

8

과학 공부가 아이의
미래에 남기는 것

제가 28년 동안 가르친 학생들 중 일부와는 아직도 연락이 됩니다. 대학 가서 인사 오는 아이, 취업하고 소식 전하는 아이, 결혼했다고 청첩장 보내는 아이도 있습니다. 그 아이들을 보면서 생각합니다. 내가 가르친 과학이 이 아이들 인생에 뭘 남겼을까?

시험 점수는 잊혀진다

솔직히 말하겠습니다. 중학교 때 과학 몇 점 받았는지 아무도 기억 안 합니다. 본인도 기억 못합니다. 10년 전에 가르친 정우(가명)가 있습니다. 중학교 때 과학 성적이 80점대 초반으로 눈에 띄게 잘하는 편은 아니었습니다. 지금은 일본에서 반도체 관련 일을 하고 있습니다. 작년에 학원에 들렀을 때 이런 말을 했습니다.

"원장님, 그때 배운 거 지금도 써요. 회로 설계할 때 옴의 법칙이 기본이거든요."

정우가 기억하는 건 80점이 아니었습니다. 회로 문제 풀 때 '전류가 왜 이렇게 흐르는지' 따져보던 그 과정이었습니다.

남는 건 생각하는 방식이다

과학 공부가 아이에게 남기는 건 지식이 아닙니다. 생각하는 방식입니다.

"이건 왜 그럴까?"

"조건이 바뀌면 결과가 어떻게 달라질까?"

"이 주장은 근거가 있을까?"

이런 질문을 던지는 습관, 이것이 과학 공부의 진짜 유산입니다.

의대에 간 수진이(가명)는 현재 전공의입니다. 얼마 전에 연락이 왔습니다.

"원장님, 환자 진단할 때 그때 배운 거 쓰는 것 같아요. 증상 보고 원인 추론하고, 가설 세우고, 검사로 확인하고. 과학 실험이랑 똑같더라고요."

수진이가 중학교 때 배운 광합성 공식은 잊어버렸을 겁니다. 하지만 '현상을 보고 원인을 추론하는 방법'은 남았습니다. 그게 지금 환자를 살리는 데 쓰이고 있습니다.

어떤 직업을 갖든 통한다

과학을 전공한 아이들만 이야기하는 게 아닙니다. 경영학과에 간 민지(가명)는 지금 컨설팅 회사에 다닙니다.

"데이터 분석할 때 그래프 해석하는 거, 중학교 때 배운 거랑 똑같아요. 변수 통제하고 비교하는 것도요."

법대에 간 준혁이(가명)는 변호사가 되었습니다.

"판례 분석할 때 논리 구조 따지는 거, 과학 시간에 가설 검증하던 거랑 비슷해요."

과학적 사고는 과학자만 쓰는 게 아닙니다. 데이터를 다루는 사람, 문제를 해결해야 하는 사람, 판단을 내려야 하는 사람, 어떤 일을 하든 씁니다.

AI 시대에 과학이 더 중요해진다

요즘 AI 이야기가 많습니다. 챗GPT가 답을 다 알려주는 시대에 공부가 무슨 의미가 있냐고 묻는 학부모도 있습니다. 저는 오히려 반대로 생각합니다. AI가 답을 주는 시대일수록 질문을 던지는 능력이 중요해집니다. AI는 "왜?"를 스스로 묻지 않습니다. 사람이 물어야 합니다. 어떤 질문을 던지느냐에 따라 결과가 완전히 달라집니다. 과학 공부는 질문하는 훈련입니다. "이게 왜 이렇지?", "정말 그런가?", "다르게 하면 어떻게 될까?" 같은 질문을 던지는 사람이 AI를 도구로 쓸 수 있습니다. 질문을 못 던지는 사람은 AI가 주는 답을 그대로 받아들일 수밖에 없습니다.

지금 이 공부가 20년 후를 만든다

학부모들이 과학 성적에 매달리는 마음을 이해합니다. 당장 시험이 있고 내신이 있고 입시가 있으니까요. 하지만 가끔은 20년 후를 생각해 주셨으면 합니다. 지금 아이가 공부하는 방식이 20년 후 그 아이의 사고방식이 됩니다. 외워서 시험 보고 잊어버리는 공부를 하면 20년 후에도 그렇게 삽니다. 왜 그런지 따져보고 스스로 답을 찾는 공부를 하면 20년 후에도 그렇게 삽니다.

과학 공부는 단순히 과학 점수를 올리는 것이 목적이 아닙니다. 아이가 세상을 어떻게 이해하고, 문제를 어떻게 해결하고, 판단을 어떻게 내리는 사람이 될지를 만드는 과정입니다. 저는 28년간 그걸 봐왔습니다. 중학교 때 "왜?"를 묻던 아이들이 어른이 되어서도 "왜?"를 묻습니다. 그 아이들이 더 좋은 결정을 내리고, 더 좋은 문제 해결자가 되고, 더 좋은 삶을 살게 됩니다. 점수는 잊혀집니다. 하지만 생각하는 힘은 남습니다. 그것이 과학 공부가 아이의 미래에 남기는 것입니다.

참고문헌

· 앤절라 더크워스 저, 김미정 역 (2016). 『그릿』. 비즈니스북스. (Angela Duckworth (2016). Grit: The Power of Passion and Perseverance. Scribner Book Company.)

· 칼 뉴포트 저, 김태훈 역(2017). 『딥 워크』. 민음사. (Cal Newport (2016). Deep Work: Rules for Focused Success in a Distracted World. Grand Central Publishing.)

· 캐롤 드웩 저, 김준수 역(2017). 『마인드셋』. 스몰빅라이프. (Carol S. Dweck (2006). Mindset: The New Psychology of Success. New York: Random House.)

· 하워드 가드너 저, 김동일 역 (2016). 『지능이란 무엇인가?』. 사회평론. (Howard Gardner (2011). Frames of Mind. Perseus Books Group.)

· 헨리 뢰디거, 마크 맥대니얼, 피터 브라운 저, 김아영 역 (2014). 『어떻게 공부할 것인가』. 와이즈베리. (Henry L. Roediger, Mark A. McDaniel, Peter C. Brown (2014). Make It Stick: The Science of Successful Learning. Belknap Press.)

· Bandura, Albert (1997). Self-Efficacy: The Exercise of Control. New York: W. H. Freeman.

· Dumont et al. (2010). The Nature of Learning. OECD Publishing.

· Ebbinghaus, H. (1885). Über das Gedächtnis: Untersuchungen zur experimentellen Psychologie. Leipzig: Duncker & Humblot.

· Flavell, John H. (1979). Metacognition and Cognitive Monitoring: A New Area of Cognitive-developmental Inquiry. American Psychologist, 34(10), 906-911.

· OECD (2018). The Future of Education and Skills: Education 2030.

주광호

28년째 대치동에서 과학을 가르치고 있다. 지금까지 만난 학생이 1만 명을 넘는데, 그 아이들이 어른이 되어 찾아올 때마다 비슷한 말을 한다. "원장님, 그때 배운 거 지금도 써요." 공식이 아니라 생각하는 방식이 남았다는 이야기다.

대치동 미래탐구 강사를 거쳐 네모과학을 열었고, 비상에듀·오투완자 감수위원으로, 시대에듀·서울고시각 교수로 현장을 넓혀왔다. 지금은 네모과학·네모입시컨설팅 원장으로 아이들을 만나고 있다.

"왜?"라는 질문을 멈추지 않는 아이가 결국 과학을 잡는다. 그 단순한 원칙이 이 책의 전부이자, 28년 교육의 결론이다.

blog https://blog.naver.com/nemoedu710

과학은 암기가 아닙니다

대치동 28년, 1만 명이 검증한 사고력 공부법

ⓒ 주광호

초판 1쇄 인쇄 2026년 3월 23일
초판 1쇄 발행 2026년 4월 01일

지은이　주광호

펴낸이　이성림
펴낸곳　성림북스

책임편집 박희정
디자인　북디자인 경놈

출판등록 2014년 9월 3일 제25100-2014-000054호
주소　제주특별자치도 제주시 한경면 고산서3길 135
대표전화 064-772-5762　**팩스** 064-773-5762
이메일　sunglimonebooks@naver.com

ISBN　979-11-24072-22-6 (13400)

＊책값은 뒤표지에 있습니다.
＊이 책의 판권은 성림원북스에 있습니다.
＊이 책의 내용 전부 또는 일부를 재사용하려면 성림북스의 서면 동의를 받아야 합니다.